現場の基本を集中マスター

ネットワーク超入門講座

三上信男 著

第4版

スイッチ、ルータ、セキュリティから
IP電話まで

SB Creative

■ 本書に関するお問い合わせ

この度は小社書籍をご購入いただき誠にありがとうございます。小社では本書の内容に関するご質問を受け付けております。本書を読み進めていただきます中でご不明な箇所がございましたらお問い合わせください。なお、お問い合わせに関しましては以下のガイドラインを設けております。恐れ入りますが、ご質問の際は最初に下記ガイドラインをご確認ください。

■ ご質問の前に

小社Webサイトで「正誤表」をご確認ください。最新の正誤情報を下記のWebページに掲載しております。

本書サポートページ http://isbn.sbcr.jp/94474/

上記ページの「正誤情報」のリンクをクリックしてください。なお、正誤情報がない場合、リンクをクリックすることはできません。

■ ご質問の際の注意点

- ご質問はメール、または郵便など、必ず文書にてお願いいたします。お電話では承っておりません。
- ご質問は本書の記述に関することのみとさせていただいております。従いまして、○○ページの○○行目というように記述箇所をはっきりお書き沿えください。記述箇所が明記されていない場合、ご質問を承れないことがございます。
- 小社出版物の著作権は著者に帰属いたします。従いまして、ご質問に関する回答も基本的に著者に確認の上回答いたしております。これに伴い返信は数日ないしそれ以上かかる場合がございます。あらかじめご了承ください。

■ ご質問送付先

ご質問については下記のいずれかの方法をご利用ください。

・Webページより
上記のサポートページ内にある「この商品に関する問い合わせはこちら」をクリックすると、メールフォームが開きます。要綱に従ってご質問をご記入の上、送信ボタンを押してください。

・郵送
郵送の場合は下記までお願いいたします。

〒106-0032
東京都港区六本木2-4-5
SBクリエイティブ　読者サポート係

- 本書内に記載されている会社名、商品名、製品名などは一般に各社の登録商標または商標です。本書中では®、™マークは明記しておりません。
- 本書の出版にあたっては正確な記述に努めましたが、本書の内容に基づく運用結果について、著者およびSBクリエイティブ株式会社は一切の責任を負いかねますのでご了承ください。

©2018 Nobuo Mikami　本書の内容は著作権法上の保護を受けています。著作権者・出版権者の文書による許諾を得ずに、本書の一部または全部を無断で複写・複製・転載することは禁じられております。

はじめに

　本書は『ネットワーク超入門講座』の第4版です。2008年4月に第1版が刊行されてから約10年、おかげさまで7万人以上の読者に読んでいただくことができました。

　今やネットワークは社会全体を支える重要なインフラになりました。デジタル化が加速し、「人」「モノ」「情報」がつながることで、今後ますます人々の暮らしや娯楽、学習の仕方、そして働き方までが大きく進化していくでしょう。

　第4版では、第3版の内容からさらに現状のネットワーク環境に合わせた修正、新たな情報の追加を行っています。特に技術変化の著しい無線LANについては、今の現場に即したものを反映しました。

　ネットワーク技術は日々進歩していきますが、その一方で、いつまでも陳腐化しない、根本的で重要なことがあります。それは「ネットワークの基礎知識」と「現場の実態を俯瞰的に捉える力」です。本書では、そうした根本的な力を養うことを目的とし、ネットワークを広い視野から捉えつつ、基礎的な技術について丁寧に解説しています。

　本書の対象読者は、これからネットワークの仕事に携わる初心者の方々です。また、ネットワークエンジニアを管理する立場の方々にも、概念を理解するうえで最適です。たとえば、次のような読者を想定しています。

- これからネットワークの仕事をするが、何をどこから勉強すればよいのかわからない

- 過去にネットワークの書籍をいろいろ読んだが、内容が難解で挫折してしまった
- スイッチ、ルータ、セキュリティ、IP電話から無線LANのことまで幅広く学びたい
- ネットワークの個々の技術だけでなく、ネットワークの全体像や現場の様子も知りたい
- 細かい技術はさておき、部下や同僚とコミュニケーションができるレベルにはなりたい

　このような要望に応え、必要な知識が読者の脳裏に焼き付くよう、テキストに図解と実際の現場写真を盛り込んでまとめあげました。

　本書が読者の皆さんにとって、ネットワークの仕事を志すきっかけとなれば幸いです。そして、読者の皆さんがそれぞれの立場から将来のネットワークのあり方を考え、ICT産業全体の発展に貢献することを願っています。

　最後に本書を執筆・出版するにあたり、お世話になったSBクリエイティブ株式会社の友保健太様、元大学教授の久米原栄様、筆者の技術の根底を作り上げてくださった﨑本隆二様、日頃より筆者を激励し気遣ってくださる松本次郎様、北村隆様、高橋圭様、住友昭宏様、梶原久史様、Gene様、そして日本全国のCCIE認定者の皆様に、この場を借りて感謝いたします。本当にありがとうございました。

2018年2月　三上信男

目次

CHAPTER 1 ネットワークの全体像   1

1-1 誰のためのネットワーク？ 2
誰がネットワークを使うのか 2
どこでネットワークを使うのか 2
サービスプロバイダー向けネットワーク 5

1-2 ネットワークの形態 7
LANとWAN 7
イントラネット（社内イントラネット） 8

1-3 一般的なネットワーク構成 11
ネットワークの全体構成 11
小規模拠点ネットワーク 13
中規模拠点ネットワーク 17
大規模拠点ネットワーク 19

CHAPTER 2 LAN超入門   25

2-1 OSI基本参照モデル 26
通信するうえでの大前提 26
OSI基本参照モデル 28

2-2 LAN 33
ネットワーク全体におけるLANの位置付け 33
LANの構成要素 33
LANの配線 37

2-3 IPアドレス 42
ネットワーク機器に住所を割り当てる 42
IPアドレスのクラス 44
割り当てできないアドレス 46
特殊用途のアドレス 48

V

サブネットマスク 49

グローバルアドレスとプライベートアドレス 53

2-4 IPv6 57

IPv6の概要 57

IPv6アドレスの表記 58

CHAPTER 3 WAN超入門 　　　　　　　61

3-1 WANとは 62

「外」との接続 62

誰が運用管理しサービスとして提供してくれるのか 63

ネットワークの継続性を考慮したWAN構成 63

3-2 WANにおける登場人物 66

WANにつなぐための「宅内装置（アクセスルータ）」 67

WANとLANの伝送方式を変換する「回線終端装置」 70

WANの足回り「アクセス回線」 74

高速道路「WAN中継網」 76

3-3 WAN回線のサービス 78

通信事業者が提供する通信網 78

インターネット網 84

CHAPTER 4 スイッチ超入門 　　　　　　　89

4-1 スイッチの話に入る前に 90

ここからの心がまえ 90

4-2 リピータハブとブリッジ 94

CSMA/CD方式 95

コリジョンドメイン 97

コリジョンドメインを分割できるブリッジ 98

4-3 まずスイッチの基本を押さえる 101

リピータハブとの違い 101

ブリッジからスイッチへ 102

これだけは覚えようスイッチのポイント 103

4-4 組織編制──あなたならどう対処する？（VLAN）..............112

VLANとブロードキャストドメイン...114

トランクリンクで1本のケーブルに複数のVLANフレームを流す.........115

VLAN越え通信...118

4-5 いろいろあるスイッチの種類 121

IPの概念が入るレイヤ3スイッチ...121

ネットワークの負荷を分散するロードバランサ（レイヤ4-7スイッチ）....124

4-6 冗長化でネットワークの信頼性を高める...............................130

スイッチ本体の冗長化 130

スイッチのシングル構成 134

スパニングツリープロトコルを使わない冗長化手法が主流に..............135

CHAPTER 5 ルータ超入門 139

5-1 ネットワーク全体におけるルータの位置付け 140

小規模拠点でのルータは一番重要な機器...141

中・大規模拠点でのルータはネットワーク間の橋渡し役に徹する.......142

5-2 ルータの役割と基本原理 145

ルータはネットワーク層に該当する機器...145

ルーティング...145

ルーティングプロトコル 150

一致するルーティング情報がないときに送付させるルート...................157

異なるLAN間の接続 158

5-3 ルータにも種類がある 161

サービスプロバイダー向けネットワークでは一番ハイスペックなルータを

....162

WANネットワークで使われるルータ 163

宅内におけるルータはレイヤ3スイッチ...166

そのほかのルータの種類...167

5-4 レイヤ3スイッチとの違い 170

パケット転送をハードウェア処理するレイヤ3スイッチ 170

ルータはVPNやNAT/NAPT機能をサポートする 170

5-5 ルータを効果的に使うには 175

パケットフィルタリング 175

冗長化でネットワークの信頼性を高める...175

CHAPTER 6 セキュリティ超入門　　183

6-1 ネットワークセキュリティの考え方.........................184
セキュリティ全般の視点 184
6-2 「何から守るか？」外部からの犯行の代表例.........................188
6-3 外部からの犯行への対策 193
ファイアウォールとは 195
ファイアウォールの機能のポイント 197
ファイアウォールにも限界がある 201
6-4 「何から守るか？」内部からの犯行に備える.........................205
内部からの犯行 205
ユーザー認証 207
情報データの暗号化 210
物理セキュリティ 210
6-5 高度化するネットワーク活用に対応する.........................215
ファイアウォールからUTMへ 215
アプリケーションコントロールの時代へ 216
次世代のファイアウォールでは？ 219

CHAPTER 7 VoIP超入門　　225

7-1 VoIPの基礎知識 226
「もしもし」をIP化する 226
IP電話を利用する方法 227
7-2 IP電話の構成要素 230
人の声をIPネットワーク網へ流す 235
アナログ電話機をIPネットワーク網に参加させる 236
電話機も含めて音声をオールIP化 238
電話機をネットワーク上から消す 243
音声信号がIPパケットへ変換されるまで 243
端末だけでもVoIP環境は作れる 245
VoIPの肝、IPネットワーク網で音声品質を確保する 245
電話番号とIPアドレス情報を集中管理 248
送信側と同じ間隔で再生する必要がある 250

viii

「こんにちは」をデジタル信号に 252

7-3 VoIPシグナリングプロトコル 255
そもそもVoIPシグナリングプロトコルとは 255
現在主流のプロトコル　SIP 257

7-4 音声品質の基礎知識 261
音声の品質が悪くなる要因 261
コーデックの圧縮率が高くなると音声品質が劣化する 262
遅延の発生場所 262
遅延に対処する 263
音がぶつぶつ途切れる 264
音のやまびこ現象 265

CHAPTER 8　無線LAN超入門　　269

8-1 無線LANとは 270
無線LANの基本構成 271
無線LANの設置場所 274
無線LANの通信モード 275
通信状態 277
無線LANの規格 277

8-2 無線LANの仕組み 282
無線LANの接続手順 282
CSMA/CA 283
無線LANアクセスポイントのカバー範囲 284
チャネル設計 286

8-3 無線LANのセキュリティ 290
無線LAN機器のセキュリティ対策機能 290

APPENDIX　付録　　299

仮想化 300
ネットワークから見たスマートデバイス 306

ix

本書で扱う内容

現在の企業ネットワークの主要な構成要素をまとめたのが下の図です。本書では図のような企業ネットワークをモデルとして、ネットワークの全体構

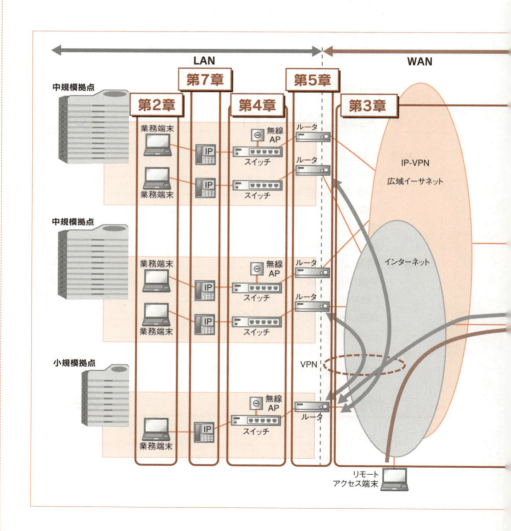

成から始まって、それぞれのネットワーク機器について順番に解説していきます。

　各章でお話しする内容が企業ネットワークのどの部分にあたるのか、この図で確認しておいてください。

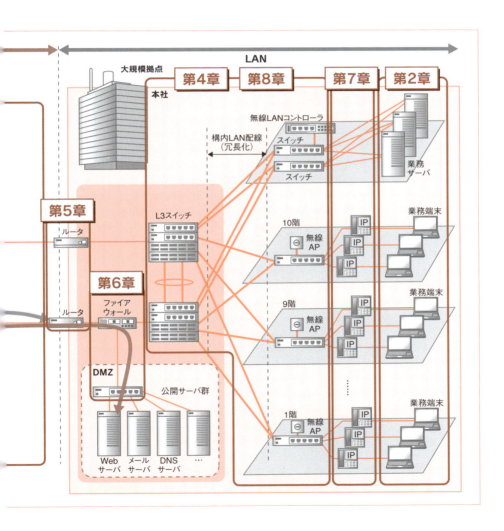

CHAPTER 1

ネットワークの
全体像

本章ではネットワークの種類、形態、基本的な構成
について学びます。企業ネットワークになじみがな
い人にとっては、ネットワークが実際にどんな姿を
しているか、なかなかイメージできないと思います。
そこで、まずは物理的な観点でネットワークの全体
像をつかむことから始めましょう。

CHAPTER 1

1 誰のためのネットワーク？

この節では、さまざまな利用目的や立場から見たネットワークの種類について学びます。

誰がネットワークを使うのか

　ネットワークは、どんな立場の人がそれを利用するかによって、大きく2つに分けることができます。一般利用者向けと法人向けです。

　一般利用者とは、たとえば皆さんの親や友人のことです。もちろん、皆さん自身が会社や学校から帰宅してPCを立ち上げ、「一個人」としてネットワークに接続すれば、一般利用者になります。

　他方、皆さんが会社へ出勤してネットワークにつながれば、「一会社員」としての利用、つまり法人向けのネットワークを利用していることになります。また、学生さんであれば、校内ネットワーク（学校内のネットワーク）を利用することが法人向けネットワークの利用にあたります。

どこでネットワークを使うのか

　ネットワークをまた別の切り口で見ていきましょう。先ほどの切り口は「人」でしたが、今度は「場所」という観点です。

　ネットワークを使用する場所は、主に自宅と会社になるでしょう。ただし現在では、駅や学校、展示場などにも無線LANのアクセスポイントが増えています。

　ネットワークは今や、企業や通信事業者、インターネットサービスプロバイダー（以降、ISPという）だけが持っているものではありません。インター

ネットマンションも当たり前になり、企業に劣らぬ速さのブロードバンド回線が一般家庭にも提供されています。

家庭用と企業向けの違い

それでは、自宅で利用する家庭用ネットワークと会社で利用する企業向けネットワークの違いは何でしょうか？　大きな違いとして2つあります[注1]。

- ユーザーが利用するアプリケーションの種類
- ネットワークの物理的な規模

ここでいうアプリケーションとは、電子メールソフトやWebブラウザといったユーザーが使うソフトウェアのことです。

家庭用ネットワークでは、ネットワークインフラ部分に光回線やCATVなどのアクセス回線を利用し、インターネットを使うケースが大半です。利用するアプリケーションは、電子メールソフトやWebブラウザが中心でしょう。

他方、企業向けネットワークでは、ネットワークインフラ部分にインターネット回線だけでなく、社内専用の内線電話網やIPネットワーク網が存在します。また、インターネットへのアクセスのほかに拠点間通信も加わります。たとえば、東京と大阪間といった国内だけでなく、東京とニューヨーク間など海外とやり取りするケースもあるでしょう。ユーザーが利用するアプリケーションは、家庭用で使っているアプリケーションはもちろんのこと、グループウェアや社内ポータル、企業特有のアプリケーションなど、さまざまなものが存在することでしょう。

このように、家庭用と企業向けネットワークでは、扱うアプリケーションやその規模に大きな違いがあります。その分、利用するネットワーク機器の仕様（スペック）も違います。企業向けの機器にはそれだけ高性能と信頼性が求められます。機器の値段も高価ですし、セキュリティ面の考慮が必要に

注1）　以前は利用回線の速度にも違いがありましたが、現在、一般家庭にも光回線やCATVが引き込まれていることから、企業との違いはほぼなくなったといってよいでしょう。

1
1

誰のためのネットワーク？

3

なるなど導入作業も複雑です。法人としての社会性も求められます。

⇨ ここでいう社会性とは、企業活動を通じた社会への貢献のことです。たとえばネットワークを構築する会社であれば、「人と人を安心でつなぐネットワークの構築」「便利で豊かな社会をつくる」といったものです。収益を確保し、永続的に事業を継続することだけが企業の目的ではありません。

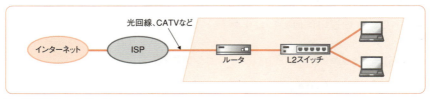

図　家庭用ネットワーク

ネットワークインフラ部分に光回線やCATVなどのアクセス回線を利用し、インターネットを使う形がほとんど。扱うアプリケーションは限られており、端末数も少ない。

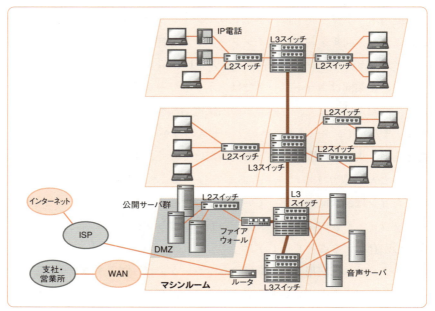

図　企業向けネットワーク

ネットワークインフラ部分にインターネット回線だけでなく、社内専用の内線電話網やIPネットワーク網が存在する。また、インターネットへのアクセスのほかに拠点間通信も加わる。

サービスプロバイダー向けネットワーク

　企業向けのネットワークとしては、もう1つ別の切り口があります。それは、サービスプロバイダー向けネットワークと企業用ネットワークです。企業用ネットワークはエンタープライズ向けネットワークともいいますので、両方の名前で覚えておくとよいでしょう。

　ここでいうサービスプロバイダー向けネットワークとは、通信事業者やISPのネットワークを指します。これは、通信キャリア事業者向けネットワークともいいます。代表的な通信キャリア事業者として、NTTやKDDI、ソフトバンクがあります。

　サービスプロバイダー向けネットワークは、ネットワークの形態から見るとWAN注2の部分になります。WAN回線を法人企業に向けた通信回線サービスとして提供するために、ネットワークを構築します。代表的なサービスとして、IP-VPNや広域イーサネットがあります。構築するネットワークは大規模になることから、投資するネットワーク機器も高性能なスペックかつ信頼性が求められます。

　他方、企業用ネットワークについての概略はこれまで話してきたとおりですが、企業用ネットワークをあえて細分化すると業種別に分けられます。たとえば、金融業や病院、運輸、建設、流通など、数多くのものがあります。業種によってネットワークの構成は異なります。

　たとえば金融業であれば、セキュリティ面を考慮した機密性の高いネットワークづくりが大前提となり、構築されていくでしょう。病院であれば、画像データなど大容量のデータを送信するケースがあるでしょう。ですから大容量を流せるだけの回線の確保や、音声とデータ転送の優先付けなどを考慮したネットワークづくりがカギとなるでしょう。

注2）　WANとは、LANとLANを結ぶ大規模なネットワークです。p.7で解説します。

このように、業種によってネットワークに対する考え方が、若干ではありますが異なります。

　以上、いくつかの観点からネットワークを眺めてきました。しかし、どの形態のネットワークであっても、扱うネットワーク機器の技術の根本は同じです。つまり、ネットワークの最大の使命である、**ユーザーによって作られたデータを相手に届ける**という基本的なことは、どの形態のネットワークでも同じです。惑わされることなく、焦らず、ネットワークの基礎をしっかり押さえることから始めましょう。

まとめ

　この節では、次のようなことを学びました。

● ネットワークは利用する立場で、一般利用者向けと法人向けに分けられます。

● ネットワークは利用する場所で、家庭用と企業向けに分けられます。

● 家庭用と企業向けの違いは次の2点です。

　　・ユーザーが利用するアプリケーションの種類
　　・ネットワークの物理的な規模

● サービスプロバイダー向けネットワークは、企業に通信回線サービス（WAN）を提供するために、通信事業者やISPによって構築されています。

CHAPTER 1

2 ネットワークの形態

この節では、さまざまなネットワークの形態について学びます。

LANとWAN

　ネットワークは、範囲に応じていくつかの区分けがされています。大きくは次の2つです。

- LAN
- WAN

　LAN（Local Area Network）は、会社のビル構内や家庭内といった、比較的狭い範囲でのコンピュータネットワークをいいます。
　WAN（Wide Area Network）は、遠く離れたLAN間を相互に接続するためのものです。企業の本社と地方の支社を結んだネットワークのように、より広範囲で大規模なネットワークをいいます。NTTやKDDIなどの通信事業者の網（広域イーサネット、IP-VPNなど）を使用して構築されたネットワークです。

⇒ 通信事業者の網の種類については、第3章で詳しく紹介します。

　LANとWANの関係を表したのが次ページの図です。

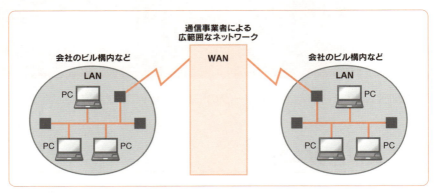

図　LANとWAN

　また、LANとWANの中間的な範囲に位置付けられるネットワークとして、MAN（Metropolitan Area Network）というものもあります。MANは、LANの範囲を地域レベルまで拡大し、特定地域をカバーしたものです。都市型ネットワーク（CATVネットワークなど）がよい例です。

イントラネット（社内イントラネット）

　イントラネット（Intranet）とは、一般的に社内独自のネットワークのことをいいます。イントラネットの「イントラ」とは、「〜内の」という意味です。インターネットの技術を企業内のネットワークに導入し、情報共有や業務支援に活用することを目的として構築されたシステムです。
　イントラネットは、実際の現場では社内イントラネットと呼ばれています。本書ではインターネットと区別をしやすくするために、以降はイントラネットのことを社内イントラネットといいます。

イントラネットとは

- 企業内に閉じられたネットワーク
- 一般的にインターネットと区別するために「社内イントラネット」と呼ぶ

　社内イントラネットの範囲は、企業内になります。インターネットは含みません。社内イントラネットとインターネットの境界は、次の図のとおりです。

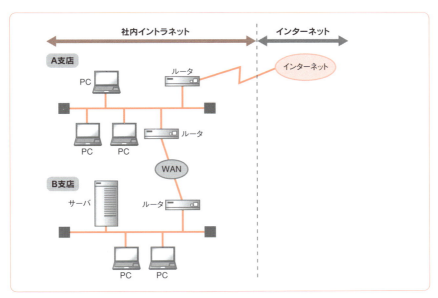

図　社内イントラネットとインターネットの境界
点線の左側が社内イントラネット、右側がインターネットの世界。

　さて、社内イントラネットでは具体的に何をするのでしょうか？　代表的なものをいくつか挙げてみます。

- 人事給与データのやり取り

- 財務会計データのやり取り

- 顧客情報管理データのやり取り

- 社内文書や社内情報などのファイルの保存と共有

- 社内ポータルサイトへのアクセス

- 会議室予約、スケジュール管理などのグループウェア処理

このように、一般的に機密性の高い業務アプリケーションが社内イントラネットで構築され、運用されます。

まとめ

この節では、次のようなことを学びました。

● ネットワークは、範囲に応じてLANとWANの2つに分けられます。

● LANは、会社のビル構内や家庭内といった、比較的狭い範囲でのコンピュータネットワークのことです。

● WANは、遠く離れたLAN間を相互に接続する、通信事業者の網を使用して構築されたネットワークのことです。

● イントラネットは、インターネットの技術を利用して構築された、企業内の独自ネットワークです。

CHAPTER 1

3 一般的なネットワーク構成

この節では、一般的な大規模、中規模、小規模のネットワーク構成について学びます。

　読者の皆さんにネットワークの基礎をよりスムーズに理解してもらえるよう、ここでネットワークの全体像を把握しておくことにします。「木を見て森を見ず」という言葉があるように、細かな技術だけを学んでも仕方がありません。ネットワークはさまざまな技術の集合体だからです。ネットワークの全体像を捉え、そのうえで個々の技術を学んでいくことが肝要です。

　専門的な用語が先取りして飛び交いますが、第2章以降で順次解説していきますので、細かい内容は気にせず、構成に集中して読み進めてください。

　本書では、一般的な企業用ネットワーク構成をベースとして、技術的な側面やネットワーク機器について掘り下げながら解説していきます。

ネットワークの全体構成

　ネットワーク構成は、大規模拠点、中規模拠点、小規模拠点に区分けされます。

　大規模拠点は、会社の位置付けでいうと本社や支社をイメージするとよいでしょう。おおよそ5フロア以上で、1フロアあたり200人（もしくは200ポート[注3]）以上の規模をイメージしてください。一般的に、東京や大阪、名古屋に本社や支社を構える会社は少なくありません。その場所で働く人数が多ければ、当然、ネットワークを利用するユーザーも多くなります。ネットワーク機器の数も多くなり、ネットワーク自体も複雑化します。

注3）　ポートとは、PCや機器をネットワークに接続するための接続口です。

中規模拠点は、会社でいうと支店レベルです。おおよそ5フロアまでで、1フロアあたり100～200人（もしくは100～200ポート）の規模をイメージしてください。札幌、仙台、広島、福岡をイメージすればよいでしょう。

　最後に**小規模拠点**です。おおよそ3フロア以内で、1フロアあたり50～100人（もしくは50～100ポート）の規模をイメージしてください。ネットワークを利用するユーザーも大規模拠点や中規模拠点に比べると少なく、ネットワーク構成もシンプルなものになります。ここまでに挙げた都市以外の場所をイメージするとよいでしょう。

　ただし、今まで話してきたことはほんの一例です。たとえば、本社機能と工場が九州地区にあれば、福岡を中心としたネットワークになるケースもありえます。東京や大阪が中規模拠点の位置付けになる場合も考えられますし、九州全域に閉じられたネットワークになるかもしれません。

　ここからは、筆者が一般的なネットワークとして想定した構成の概略を中心に解説していきます。読者が理解しやすいよう、小規模拠点から始まって、中規模、大規模の順で解説します。

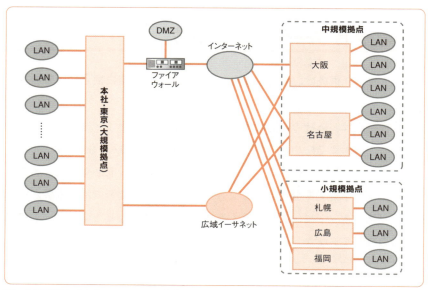

図　本書で想定するネットワークの全体構成

小規模拠点ネットワーク

小規模拠点ネットワークにおける各ネットワーク機器や構成要素の位置付けを解説していきます。

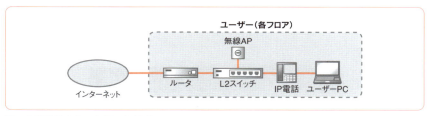

図　小規模拠点ネットワーク構成
小規模拠点ネットワークでは、回線、ルータ、スイッチなどすべてシングル構成が一般的。

LANとユーザー端末

小規模拠点のフロアは、一般的に3フロア以内です。それに応じてネットワークセグメント[注4]自体も3つ以内となります。

ユーザーが作成したデータは、OSIやTCP/IPのプロトコルの規則に従って、ネットワークを介してやり取りされます。

⇨ OSIやTCP/IPのプロトコルの規則については、第2章で具体的に学んでいきましょう。

WAN回線

小規模拠点におけるWAN側の回線としては、インターネットVPNを利用するケースが大半です。その大きな理由は、小規模拠点ではネットワークを利用するユーザーが少ないため、安定性よりもコスト面を重視するからです。

⇨ インターネットVPNを含めたWANについては、第3章で具体的に学んでいきます。

注4）ここでのネットワークセグメントとは、ルータを越えずに通信できる範囲のことです。

スイッチ

スイッチ（スイッチングハブ）には、レイヤ2スイッチやレイヤ3スイッチなど、さまざまな種類があります。小規模拠点におけるスイッチは、レイヤ2スイッチで構成されるケースが大半です。フロアは1つあるいは2つが大半で、シンプルなネットワークとなるからです。

⇒ スイッチの種類や仕組みについては、第4章で具体的に学んでいきます。

写真　レイヤ2スイッチ
シスコシステムズ製Cisco Catalyst 2960-Lシリーズスイッチ。提供：Cisco Systems, Inc.

ルータ

先ほど、小規模拠点のWAN側の回線には、インターネットVPNを利用するケースが大半だと説明しました。それに伴い、小規模拠点におけるルータにはたくさんの役割が発生します。

ルータの本来の仕事は、異なるネットワーク間の橋渡しです。今回想定したネットワーク全体構成でいうと、自社ビル内、つまりLAN上で生成されたユーザーデータを他拠点へ橋渡しする役割を担います。それに加えて、小規模拠点のルータは、対向先のルータとの仮想ネットワーク（VPN）のパスを確立したり、外部からの不正パケットに対する防波堤としての役割も果たします。このように、小規模拠点におけるルータはネットワークの生命線です。重要な役割を担います。

⇒ ルータには、このほかにも多種多様な機能があります。第5章で具体的に学んでいきます。

写真 小規模拠点向けルータ
シスコシステムズ製Cisco 890サービス統合型ルータ。提供：Cisco Systems, Inc.

セキュリティ（ファイアウォール）

セキュリティのための代表的なネットワーク機器として、ファイアウォールがあります。ファイアウォールは、内外からのパケットに対して通過を許可する／拒否する役割を担います。

⇨ ファイアウォールについては、第6章で詳しく学んでいきます。現時点では、道路上での「検問」をイメージしておけばよいでしょう。

一般的にファイアウォールは、専用機としてネットワーク上に導入されます。ただし、小規模拠点においては、ルータの機能の中で動かすケースが大半です。ルータが保有する機能の1つにパケットフィルタリングがあります。これが簡易的なファイアウォールのようなもので、小規模拠点であれば、これで十分対応できます。

IP電話

小規模拠点では、IP電話機のみが設置されます。かつて小規模拠点用の音声交換機を設置する際にはスペース的な問題などがありましたが、新しい音声ネットワークの世界では、端末、つまりIP電話機そのものだけが存在することになります。ただし、IP電話機だけでは通話はできません。大規模拠点などに音声サーバが設置されている必要があります。

⇨ IP電話については、第7章で詳しく解説します。

写真　IP電話機
シスコシステムズ製Cisco IP Phone 7821。提供：Cisco Systems, Inc.

無線LAN

　無線LANの構成要素は大きく分けて、無線LANクライアント、無線LANアクセスポイント、無線LANコントローラの3つです。**無線LANクライアント**は、無線LANカードを内蔵したユーザーPCです。これは構成の規模にかかわらず必要となる要素です。小規模拠点では、無線LANクライアントと無線LANアクセスポイントで構成されます。

⇒無線LANについては、第8章で詳しく解説します。

写真　無線LANアクセスポイント
シスコシステムズ製Cisco Aironet 1830シリーズアクセスポイント。提供：Cisco Systems, Inc.

中規模拠点ネットワーク

つづいて、中規模拠点ネットワークにおける各ネットワーク機器の位置付けを解説します。小規模拠点と重複する部分もありますので、差分を中心に解説します。

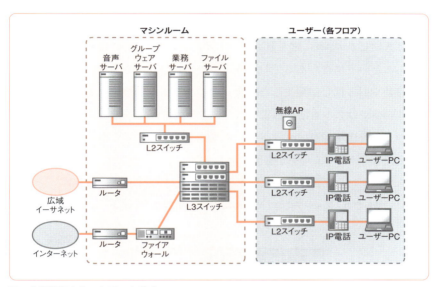

図　中規模拠点ネットワーク構成
中規模拠点ネットワークでは、冗長化やマシンルームの確保などが考慮される。

WAN回線

中規模拠点では、ネットワークを使用する人数も、通信する相手も増えます。ネットワークに障害が生じるとビジネスへの影響が出るでしょう。それをふまえて、冗長構成を考慮したネットワーク構成にしなくてはなりません。冗長構成とは、ネットワークの障害を考慮した予備用の構成のことです。

⇒詳しくは第3章、第5章で解説します。

スイッチ

　中規模拠点のフロアは必ず複数存在します。フロアは同一階だけでなく、上下階にわたるケースもあるでしょう。専用のマシンルームも存在するでしょう。それに応じてネットワークセグメントの数も多くなります。

　運用面でも、同じ部門のユーザーであっても同一フロアにいるとは限らず、上下階にまたがったり、プロジェクト組織などで部門間を横断したりと、ますますネットワーク管理が複雑化していきます。たとえば、ネットワーク管理者は普段ビルの9階に席を置いているが、管理する装置は2階のマシンルームにあるという場合もあるでしょう。また、人事異動や組織の統廃合による席の移動や引っ越しが発生した場合、そのつどネットワークを組み直すとすれば非効率でコストも増大します。

　このような環境では、ネットワーク構成を柔軟に変更できる、VLAN機能を備えたレイヤ2スイッチが必要です。また、レイヤ3スイッチを設置して、異なるネットワーク間の橋渡しをさせることになります。

➪ VLAN機能も含め、スイッチについては第4章で具体的に学んでいきましょう。

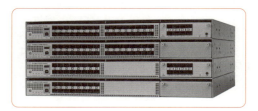

写真　レイヤ3スイッチ
シスコシステムズ製Cisco Catalyst 4500-Xシリーズスイッチ。提供：Cisco Systems, Inc.

ルータ

　中規模拠点においてWAN回線が冗長化されるということは、WANへの出口も複数存在するということです。ネットワークの構成を考えるうえで、方法は2つあります。

- 1つのルータで複数のWAN回線を保有する
- 複数のルータでそれぞれWAN回線を保有する

　前者の方法だと、WAN回線自体の障害であればバックアップルートの回線で継続して通信ができますが、ルータ自体に障害が発生するとWAN向けのすべての通信ができなくなります。後者は、WAN回線やルータ自体に障害が発生したとしても、運用に支障をきたすことなく継続的な通信が実現できます。

　p.17の図では、信頼性の高いネットワーク構成である、後者の「複数のルータでそれぞれWAN回線を保有する」を前提としています。

⇒ ルータについては、第5章で具体的に学んでいきましょう。

写真　中規模拠点向けルータ
シスコシステムズ製Cisco ASR 1006-Xルータ。提供：Cisco Systems, Inc.

大規模拠点ネットワーク

　最後に大規模拠点ネットワークにおける各ネットワーク機器の位置付けです。中・小規模拠点と重複する部分もありますので、差分を中心に解説します。

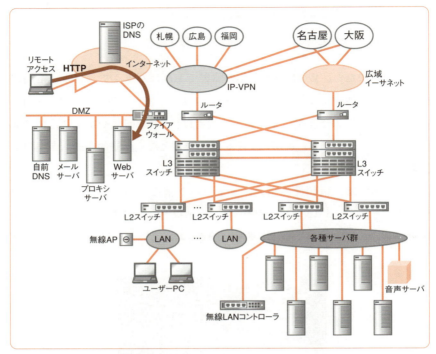

図　大規模拠点ネットワーク構成
大規模拠点ネットワークは、すべての拠点を収容する。センター局ともいう。

LANとユーザー端末

　大規模拠点のフロアは、中規模拠点よりもさらに多くなります。専用のマシンルームはもちろんありますが、最近ではデータセンターへその機能を移すことが主流となっています。それに応じてネットワークセグメントもより多くなり、ユーザーが使うアプリケーションも多種多様になります。

スイッチ

　大規模拠点のフロアでは、ルータだけでなく、スイッチにまつわる冗長化を考慮しなくてはなりません。たとえば、「スイッチとルータ」の間のLAN

配線から、「スイッチとサーバ」「スイッチとユーザーの使うPC」、さらには「スイッチ同士」の間に至るまで、あらゆる局面での配慮が必要です。

⇨ これらの際に活躍するスイッチの機能も含め、第4章で具体的に学んでいきましょう。

写真　大規模拠点向けスイッチ
シスコシステムズ製Cisco Nexus 7700 18スロットスイッチ。提供：Cisco Systems, Inc.

セキュリティ（ファイアウォール）

　大規模拠点におけるファイアウォールは、専用機としてネットワーク上に導入されます。小規模拠点においてはルータの機能の中で動かすケースが大半ですが、大規模拠点や一部の中規模拠点ではそうはいきません。ネットワークを通るプロトコルが多様化するうえに、外部からのあらゆる不正なパケットに対応しなくてはならないからです。

⇨ セキュリティについては、第6章で具体的に学んでいきましょう。

写真　大規模拠点向けファイアウォール
フォーティネット製FortiGate 3800D。提供：フォーティネットジャパン株式会社

■IP電話

　大規模拠点では、IP電話機はもちろん、音声サーバも設置されます。

　音声サーバには大きく分けて2つの種類があります。1つは、従来の音声交換機（PBX）にIP機能を追加したIP-PBXです。もう1つは、SIPサーバです。音声サーバは、音声ネットワーク全体の「電話番号とIPアドレスの対応表」を一元管理したり、IP電話機同士の通話を橋渡しする役割を担います。

⇒ ネットワークで音声を扱う方法については、第7章で具体的に学んでいきましょう。

■無線LAN

　大規模拠点では、無線LANコントローラを導入することが一般的です。無線LANアクセスポイントの数が増え、設置場所の管理や無線LANアクセスポイント同士の電波干渉対策などの運用管理が煩雑になるからです。

⇒ 無線LANの運用管理については、第8章で具体的に学んでいきましょう。

写真　無線LANコントローラ
シスコシステムズ製Cisco 5520 Wireless Controller。提供：Cisco Systems, Inc.

現在のLAN

　現在の企業用ネットワークでは、ギガビットイーサネットによる1Gbpsの伝送速度が主流です。基幹部分には10Gbpsの伝送速度を持つ10ギガビットイーサネットの使用が一般的です。

　無線については、最大300Mbpsの伝送速度を持つ無線LAN規格も一般的になりました。以前はセキュリティ上の理由から企業内ネットワーク（特に金融、証券）での導入は避ける傾向にありましたが、製品自体のセキュリティ機能の向上と低価格化により導入が進んでいます。今後はさらに普及し、あらゆる業種のネットワークに浸透していくことでしょう。

まとめ

この節では、次のようなことを学びました。

- 企業用ネットワーク構成は、大規模拠点、中規模拠点、小規模拠点に区分けされます。
- 小規模拠点は、3フロア以内でのシンプルなネットワーク構成になります。
- 中規模拠点は、複数のフロアでの、冗長構成を考慮したネットワーク構成になります。
- 大規模拠点は、多数のフロアでの、あらゆる局面で冗長構成を考慮したネットワーク構成になります。

CHAPTER 2

LAN超入門

本章ではLANの根本的な技術である、OSI基本参照モデル、イーサネット、IPアドレスについて学びます。現在のTCP/IPによるネットワークを扱うにあたっての根本的な知識です。なお、TCP/IPに関してはあまり深入りせず、本書を読み進めるうえで必要な知識に絞って解説します。

CHAPTER 2

1 OSI基本参照モデル

この節では、コンピュータネットワークを理解するのに欠かせないOSI基本参照モデルについて学びます。

通信するうえでの大前提

　われわれの社会で、誰かと情報をやり取りする場合、従わなくてはならない約束事があります。たとえば、手紙を送る場面をイメージしてください。郵便番号を書き、相手の住所、自分の住所などを記入し、そして切手を貼ることが決められています。

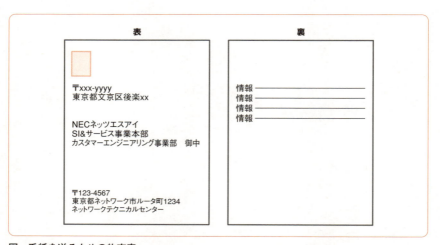

図　手紙を送るための約束事

　これと同様に、コンピュータ同士が通信する場合にも、共通手順の取り決めが必要です。この約束事のことを**プロトコル**といいます。

⇒ プロトコルという単語には、規約や約束といった意味があります。

コンピュータ間で情報通信をする際に必要な手順や約束事として、現在ではさまざまなプロトコルが存在しています。たとえば、**IP**や**HTTP**といったものです。名前をご存じの方も多いでしょう。

⇒ 本書では、個々のプロトコルの詳細についてはほとんど説明しません。読者のレベルに合わせて数多くの解説書が刊行されていますので、そちらを参照してください。

図　さまざまなプロトコル

プロトコルとは

- コンピュータ通信に必要な約束事（共通手順）を取り決めたもの
- 必要な機能に応じてさまざまなプロトコルが存在する

コンピュータ通信のプロトコルは、ISO（International Organization for Standardization：国際標準化機構）[注1]という団体が推進するOSI（Open System Interconnection：開放型システム間相互接続）で設計の指針が定められています。

OSIではコンピュータネットワークの基本的なモデルを作成しています。これが**OSI基本参照モデル**と呼ばれるものです。OSI基本参照モデルは、複数メーカーのネットワーク機器同士が問題なく接続できるために従うべき国際標準として、重要な役割を果たしています。

注1）ISOは、工業や科学技術に関する国際規格を制定するために1947年に設立された国際機関です。

OSI基本参照モデル

OSI基本参照モデルは、ネットワークの機能を次の図のように**7階層**にモデル化しているのが特徴です。7階層の覚え方のコツは、各層の頭文字をとって、「ア・プ・セ・ト・ネ・デ・ブ」と繰り返し唱えることです。

機能 アプリケーションごとのサービスを提供 電子メール、WWWなど	**7** アプリケーション層	**アプリケーション機能**
機能 データを通信に適した形に変換 文字コード、圧縮方式など	**6** プレゼンテーション層	
機能 コネクションの確立と切断	**5** セッション層	
機能 データを通信相手に確実に届ける TCP、UDPなど	**4** トランスポート層	**通信機能**
機能 アドレスの管理と経路の選択 IP、ルーティングなど	**3** ネットワーク層	
機能 物理的な通信経路の確立 イーサネット、MACアドレス、スイッチングなど	**2** データリンク層	
機能 コネクタなどの形状と電気特性の変換 UTPケーブル、光ファイバなど	**1** 物理層	

図　OSI基本参照モデル
第1層から第7層まで、それぞれ役割が決められている。

OSI基本参照モデルの各層の役割

OSI基本参照モデルの各層の大まかな役割を見ておきましょう。第1層～第4層までは**通信機能**を実現します。これらを下位層と呼びます。第5層～第7層までは**アプリケーション機能**を実現します。こちらは上位層と呼びます。

なお、ここでいう「層」のことを**レイヤ**（layer）ともいいます。たとえば、第1層のことをレイヤ1、第2層のことをレイヤ2（さらに省略すると「L2」）ともいいます。両方の呼び名で覚えるようにしましょう。

OSI基本参照モデルの各層の役割

- 第1層〜第4層は通信機能を実現する
- 第5層〜第7層はアプリケーション機能を実現する

　ネットワークの機能をなぜこのように階層化しているのかというと、各層の独立性や専門性を高め、新たな技術へ柔軟に対応できるようにするためです。たとえば、有線LAN（イーサネット）を無線LANにしたからといって、電子メールの設定を変える必要はありません。ネットワークの中での機能ごとに階層が独立しているからです。

　さらに、レイヤ2スイッチを開発する場合を考えてみましょう。その名のとおり、OSI基本参照モデルの第2層のルールに基づく開発を行えばよいので、技術領域を絞った、より専門性の高い技術開発が可能となります。ルータであれば第3層です。こちらも同様に、第3層の技術領域に特化した開発ができます。開発期間の短縮にもなり、より専門的な技術開発ができるというメリットがあります。

　また、実際の現場では、トラブルシューティングのときにOSI基本参照モデルの概念が必要となります。今、どこの階層で障害が発生しているのか？という視点で障害の切り分けに取り掛かれるからです。

　たとえば次ページの写真のように、19インチラックには、たくさんのネットワーク機器が搭載されています。

写真　ラックの中

　いざトラブルが発生したとき、ラックを眺めたところでどこから手を着けてよいのかわかりません。では、どうすればよいのでしょうか？

　実際の現場では、OSI基本参照モデルの概念を用いて、頭の中で階層構造化をしてからトラブルの解決にあたることになります。
　まずはレイヤ1（物理層）から調査するのが鉄則です。ケーブルは正常に接続されているのか？電源は供給されているのか？など、物理的な観点から調査します。その後、レイヤ2、そしてレイヤ3の順に、上位レイヤへ向かって調査していきます。
　ここでレイヤ1から調査を始める理由は、物理的なところが正常でなければ、そもそも通信はできないからです。冷静に考えれば当たり前のことですね。
　ひとたびネットワークにトラブルが生じると、エンジニアであろうと営業マンであろうと、マネージャーであろうと、立場にかかわらず、そのネットワークに関係する人が総出で修復作業に取り掛からなければなりません。技術的なことは現場のエンジニア、ということではなく、利害関係者一人ひと

りが当事者意識を持って、ユーザーが元の正常なネットワークを利用できるよう努めなければなりません。

そういった意味でも、OSI基本参照モデルは、ネットワークの仕事をするうえで誰もが知っておかなければならない概念なのです。

OSI基本参照モデルの各階層のデータ単位

現場のエンジニアとのやり取りの中で、「パケットが転送されない」「フレーム転送ができない」など、現場用語が飛び交うときがあります。

何もとまどうことはありません。各階層のデータ転送で呼び名が変わるだけです。呼び名を次のとおり体系立てて、頭の中に整理しておけばよいでしょう。

- 第4層 トランスポート層：セグメント
- 第3層 ネットワーク層　：パケット
- 第2層 データリンク層　：フレーム

パケットと呼ぶ場合は、ネットワーク層でのやり取りをいいます。また、フレームと呼ぶ場合は、データリンク層でのやり取りになります。

OSI基本参照モデルの各階層のデータ単位

OSI基本参照モデルの各層ごとの制御情報とデータによって構成される単位を、PDU（Protocol Data Unit）といいます。各層ごとにPDUの呼び名は違います。

まとめ

この節では、次のようなことを学びました。

● プロトコルとは、コンピュータ間で通信をするための共通手順を取り決めたものです。

● OSI基本参照モデルは、異なるメーカーのコンピュータやシステムを相互接続することを目的として制定されたものです。7階層に分けてモデル化しているのが特徴です。

● OSI基本参照モデルの各階層ごとにPDU（制御情報とデータによって構成される単位）の呼び名は違います。

　　・第4層 トランスポート層：セグメント
　　・第3層 ネットワーク層　：パケット
　　・第2層 データリンク層　：フレーム

CHAPTER 2

2　LAN

この節ではLANについて学びます。

ネットワーク全体におけるLANの位置付け

LAN（Local Area Network）についての具体的な話に入る前に、まずネットワークの全体像から押さえていきましょう。

小規模拠点ネットワークの図を見てください。図のように、ルータのところがLANとWANの境界です。ルータから見てユーザー端末寄りがLANの位置付けになります。

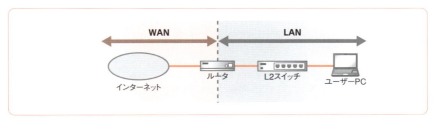

図　LANとWANの境界
ルータを基準に左側がWAN、右側がLAN。

ここでは、LANの部分に焦点を当てて学んでいきます。

LANの構成要素

現在のLANは、イーサネット（Ethernet）で構築されることがほとんどです。イーサネットは、OSI基本参照モデルの物理層（第1層）とデータリンク

層（第2層）についての規格です。

イーサネットでLANを構築するためには、次のハードウェアを使います。

- LANカード
- UTPケーブル
- スイッチ（ハブ）

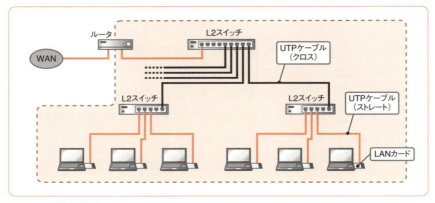

図　LANの構成要素

　LANカードは、最近のPCでは内蔵されていることが多いでしょう。UTPケーブルを差し込む口（ポート）です。ネットワークと端末（PCなど）の境界面（インタフェース）になることから、ネットワークインタフェースカード（Network Interface Card：NIC）とも呼ばれます。

　UTP（Unshielded Twisted Pair）ケーブルは、2本の銅線をねじり合わせたものを1ペアとして、4ペアの線を束ねたケーブルです。次ページの表に示すように、イーサネットの種類によって使用できるケーブルには違いがあります。UTPケーブルの両端には、次ページの写真のようにRJ-45モジュラージャックが付いています[注2]。この一端をLANカードに、もう一端をス

注2）　カテゴリ7のUTPケーブルの終端は、RJ-45（8P8C）と互換性を持つGG45コネクタもしくはTERAコネクタです。

イッチに「カチッ」と差し込みます。

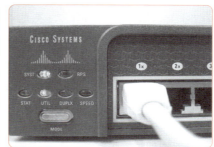

写真　UTPケーブル（左）をスイッチに接続（右）

表　イーサネットの種類

種類	最大伝送速度	使用するケーブル
ファストイーサネット	100Mbps	UTPケーブル（カテゴリ5）、光ファイバケーブル
ギガビットイーサネット	1Gbps	UTPケーブル（カテゴリ5e、6）、光ファイバケーブル
10ギガビットイーサネット	10Gbps	UTPケーブル（カテゴリ6A、7）、光ファイバケーブル

　数台の端末（PCなど）をレイヤ2スイッチにつなぎ、さらにフロアごとにレイヤ2スイッチを束ねます。

　LANカードやネットワーク機器は読み出し専用メモリ（ROM）を搭載していて、そこに固有のアドレスが記録されています。このアドレスをMACアドレスといい、イーサネットの通信にはこのMACアドレスが使われます。

⇒MACアドレスは48ビットのアドレスです。上位24ビットはメーカーごとに割り当てられたメーカー別のコードを示し、IEEE（The Institute of Electrical and Electronics Engineers）という団体で登録・管理されています。下位24ビットは各メーカーで管理されるシリアル番号となります。

　イーサネットによるレイヤ2の通信は、ユーザーPCから見て、ルータの口までの範囲の通信をいいます。このルータの口までの範囲のことをブロードキャストドメインといいます（p.106、114で詳しく解説します）。

なお、ルータを越えるときには、レイヤ3の通信となります。イーサネットではレイヤ2のMACアドレスだけを見てきましたが、より上位のレイヤ3のアドレス情報（IPアドレス）を見て通信先を決めるということです。こうして異なるネットワークへと届けられる通信のことを現場用語で「ルータ越え」といいますので、覚えておくとよいでしょう。

　ルータを越えたらまたレイヤ2の通信となり、次のルータを越える必要があればまたレイヤ3の通信になります。

ケーブルの使い分け

　イーサネットで用いられるUTPケーブルには、ストレートケーブルとクロスケーブルの2種類があります。

　ストレートケーブルは、p.34のLANの構成要素の図のように、PC端末とスイッチ間、スイッチとルータ間を接続する際に使います。

　クロスケーブルは、スイッチ同士や、ルータとPC端末を直接接続する際に使います。ただし、ルータによってはスイッチ機能を備えたポートを持っているものもあり、その場合はストレートケーブルで接続します。

⇨ 現在は、接続先の装置が何であってもケーブルのタイプを問わないAuto MDI/MDI-X機能を備えたスイッチがほとんどであるため、クロスケーブルを使う場面は少なくなっています。

　また最近では、フロアとフロアを結ぶバックボーンの部分には、光ファイバケーブルを利用するのが一般的です。

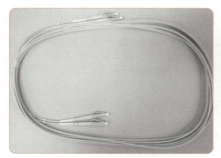 

写真　光ファイバケーブル（左）をスイッチに接続（右）

参考••

　光ファイバケーブルは、ギガビットイーサネットや10ギガビットイーサネットの通信媒体として多く利用されます。

　今日では、ユーザーが取り扱うデータも音声や画像など大容量のものが増えていることから、基幹部分のネットワークにはそれに対応できるだけの高速な通信速度が求められています。

　こうした背景から、まずギガビットイーサネットが誕生しました。ギガビットイーサネットはファストイーサネット（100Mbps）からのステップアップという位置付けでしたので、光ファイバケーブルだけでなくUTPケーブルでも利用することができます。

　それが今では逆に100Mbpsの光ファイバケーブルも登場し、光ファイバケーブルの適用範囲は広がっています。より高速化を追求するための通信媒体であるケーブルは、今や光ファイバが主流となっています。

　以下に、光ファイバケーブルの取り扱いと環境上の注意点を挙げておきます。

光ファイバケーブルの取り扱い

- 光ファイバケーブルを固定する場合、従来のUTPケーブルのように結束バンドなどできつく縛ったりしない

- 光ファイバケーブルの上に物を置いたり、踏まれたりしないよう配線する

環境上の注意点

- 相対湿度85%以下で使用する。端面（光ファイバケーブルの先端部分）に水滴が付着すると伝送できなくなるので注意すること

- 耐熱性の制限として摂氏70度以上の温度環境では使用しない

LANの配線

　今日では、誰もが当たり前のようにLANを使っています。

写真　ユーザーフロア

　このように普段当たり前のようにLANを使っていますが、LANの配線って実際はどうなっているのだろう？と疑問を持っている人もいるでしょう。
　ネットワークの仕事に携わる人であるならば、LANの概念的な知識だけでなく、普段見えにくいLANの実態についても知っておきたいものです。
　ここでは次の2つの観点で、LANの舞台裏について解説します。

- 床下配線
- 天井裏配線

床下のLAN配線

　上のユーザーフロアの写真の床は、きれいにカーペットが敷かれています。このカーペットをはがすと、次ページの写真のようにパネルが敷き詰められています。このパネルの下にケーブル類が敷かれているわけです。これをフリーアクセスフロアといいます。
　フリーアクセスフロアとは、床下に電力・通信用配線および空気調和設備などの機器を収納する床（二重床）で、床下への配線作業が容易にできる構造を持つものです。

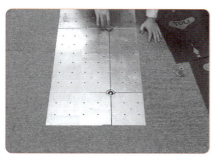
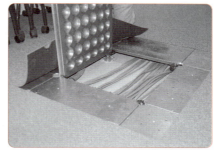

写真　床パネル
床に敷かれているカーペットをはがすと取り外し可能なパネルが置かれている。

天井裏のLAN配線

LAN配線のもう1つの方法は、天井裏配線です。19インチラックのところまで、天井裏を通じて配線します。

ワイヤプロテクタ

写真　天井―ラック
19インチラックの横に白い筒上のワイヤプロテクタが見える（左）。
これが天井に突き抜けており、この中にケーブルが入っている（右）。

天井からワイヤプロテクタを介していったん床下を通してから、19インチラックへ配線されます。ワイヤプロテクタとは、プラスチック製品で、室内

でケーブルを壁や床に敷設したときにケーブルを収容・保護し、見た目をよくするためのものです。

写真　天井―床―ラック
天井から床下へケーブルが埋め込まれる。

参考

中規模から大規模クラスの拠点になると、基幹システムやファイルサーバなどの設備を専用マシンルームに設置するケースが大半です。

フリーアクセス

この下にケーブルが敷設される

写真　専用マシンルーム
空調・電源・耐震設備が備えられたマシンルーム。

中規模から大規模クラスの拠点で用意されるサーバ類には、大容量で、かつ高速な処理が求められます。皆さんが普段見慣れているPCサーバとは、イメージが異なるでしょう。金額も数百〜数千万円単位です。

写真　サーバ（大規模用）
NEC製NX7700i/8080H-128。提供：日本電気株式会社

まとめ

この節では、次のようなことを学びました。

- 各拠点では、ルータがLANとWANの境界になります。
- イーサネットの通信ではMACアドレスという端末固有のアドレスを使用します。
- 異なるネットワーク間の通信のことを現場用語で「ルータ越え」といいます。
- UTPケーブルには、ストレートケーブルとクロスケーブルがあります。
- ストレートケーブルは、PC端末とスイッチ間、スイッチとルータ間の接続に使います。
- クロスケーブルは、スイッチ同士や、ルータとPC端末を直接接続する際に使います。

CHAPTER 2

3 IPアドレス

この節では、IPアドレスについて学びます。

ネットワーク機器に住所を割り当てる

　現実の世界において、郵便物や宅配物を読者の皆さんの家に届けるためには住所（アドレス）が必要です。ネットワークの世界においても、データをネットワーク機器や端末に届けるために、識別情報（アドレス）が必要です。そのアドレスが**IPアドレス**です。前節のMACアドレスがレイヤ2での比較的狭い範囲での通信に使われるのに対し、IPアドレスはルータを越えて別のネットワークとやり取りされる広い範囲の通信（レイヤ3での通信）のために必要です。

⇒ IPアドレスをはじめ、この節で説明する内容は、IETF（Internet Engineering Task Force）という組織が取りまとめるRFC（Request for Comments）という文書で仕様が定められています。

　IPアドレス[注3]はTCP/IPの**IPプロトコル**で使用されるもので、人間が理解しやすいように**10進数**で表記されます。アドレスの長さは**32ビット**（4オクテット[注4]）です。皆さんの中には、家庭用のブロードバンドルータなどで次のような値を設定したことがある人もいるでしょう。

　192.168.0.1

　これは8ビットずつ、10進数で表記したIPアドレスです。ここで、Windowsの標準アプリの電卓[注5]を使って、10進数の「192」が2進数ではどうなるか確認してみてください。

注3）以下、IPアドレスとは、IPv4アドレスのことを指します。次世代のIPv6アドレスについては次節で解説します。
注4）1オクテット＝8ビット＝1バイトです。

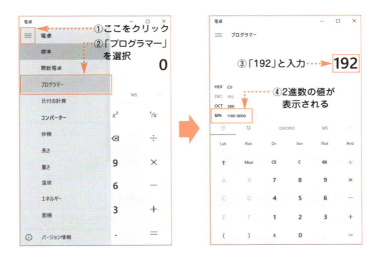

　上の図のとおり、「11000000」となりました。

　同様に、10進数の「168」「0」「1」が2進数でどうなるかについても確認してみましょう[注6]。そして2進数の値をつなげてみます。

　　11000000 10101000 00000000 00000001

　これが192.168.0.1を2進数で表記したものです。先ほど「アドレスの長さは32ビット」と言いましたが、0または1（これをビットという）がきちんと32個並んでいることが確認できると思います。

　また、IPアドレスは32ビットでひとかたまりというわけではなく、ネットワークアドレス部とホストアドレス部に分けられます。住所にたとえると、ネットワークアドレスは地域エリア（たとえば東京都）を、ホストアドレスは個々の家（番地）を表します。つまり、どの地域（ネットワーク）のどの家（ホスト）かという情報です。これは2進数で見るとよくわかります。

　　11000000 10101000 00000000 00000001

注5）Windows 10では、タスクバーの検索ボックスで「電卓」と入力すると見つけられます。
注6）実際に電卓でやってみると、10進数の「0」「1」は2進数では「0」「0001」と表示されますが、8ビットになるよう0で埋めて考えてください。

192.168.0.1の場合、ネットワークアドレス部は24ビット、ホストアドレス部は8ビットです。

⇒ ここで、ネットワークアドレス部が10でも20でもなく24ビットなのは、192.168.0.1がクラスCのアドレスだからです。次項の「IPアドレスのクラス」で詳しく解説します。

そして、ホストアドレス部をすべて0にしたものが、ネットワークアドレスになります。

　11000000 10101000 00000000 00000000

これは10進数で表記すると、192.168.0.0となります。

この192.168.0.0というネットワークでは、ホスト（PCなど）に対して1〜254までの254のアドレスを割り当てることができます。つまり、192.168.0.1〜192.168.0.254までです。この254という数は、ホストアドレス部が8ビットなので、$2^8 = 256$から2を引いたものです。もしホストアドレス部が16ビットだったら、$2^{16} = 65,536$から2を引いた65,534のアドレスが割り当て可能なアドレスです。

⇒ 1つのビットが取る値は0か1の2通りです。それが8ビットあれば、2の8乗通りのパターンとなります。また、どうして2を引くのかというと、ネットワークアドレスとブロードキャストアドレスの2つを除く必要があるからです。後述の「割り当てできないアドレス」で解説します。

IPアドレスのクラス

IPアドレスはネットワークアドレス部とホストアドレス部に分けられますが、その境界は固定されたものではありません。

IPアドレスは、クラスA〜クラスEの5つのクラスに分かれていて、クラスによって境界が異なります。その中でもユーザーに割り当てられるアドレスは、クラスA〜クラスCの範囲内となります。

以下にそのクラスを示します。

アドレスの始まりが1〜126だとクラスA

　クラスAは、先頭の1ビットが「0」で始まります。上位8ビットがネットワークアドレス部で、下位24ビットがホストアドレス部です。10進数で表記すると、はじめの8ビット（1オクテット）が1〜126の範囲となります。

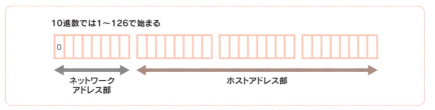

図　クラスA
はじめの8ビット（1オクテット）が1〜126の範囲。

アドレスの始まりが128〜191だとクラスB

　クラスBは、先頭の2ビットが「10」で始まります。上位16ビットがネットワークアドレス部で、下位16ビットがホストアドレス部です。10進数で表記すると、はじめの8ビット（1オクテット）が128〜191の範囲となります。

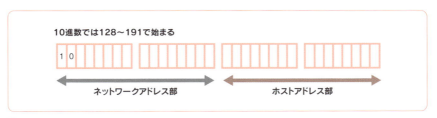

図　クラスB
はじめの8ビット（1オクテット）が128〜191の範囲。

アドレスの始まりが192〜223だとクラスC

　クラスCは、先頭の3ビットが「110」で始まります。上位24ビットがネットワークアドレス部で、下位8ビットがホストアドレス部です。10進数で表記

すると、はじめの8ビット（1オクテット）が192〜223の範囲となります。

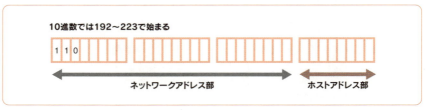

図　クラスC
はじめの8ビット（1オクテット）が192〜223の範囲。

また、**クラスDとE**については、どちらもユーザーへのアドレスとして割り当てることができません。クラスDは**マルチキャスト用**のアドレスであり、クラスEは**実験用**のアドレスだからです。

⇒ マルチキャスト用のアドレスは、データをあらかじめ決められた複数の端末に対して送信するときに利用するアドレスです。つまり特定多数通信用です。

割り当てできないアドレス

IPアドレスの約束事の1つとして、ユーザーに**割り当てできないアドレス**があります。それは、

- ホストアドレス部のビットがすべて「0」
- ホストアドレス部のビットがすべて「1」

の場合です。その理由は、ホストアドレス部のビットがすべて「0」のアドレスは、ネットワーク（セグメント）そのものを表す**ネットワークアドレス**として使われるからです。たとえば、

10.0.0.0

172.16.0.0

　　192.168.1.0

といったものです。

　また、ホストアドレス部のビットがすべて「1」のアドレスは、ブロードキャストアドレスとして使われるからです。たとえば、

　　10.255.255.255

　　172.16.255.255

　　192.168.1.255

といったものです。

　ブロードキャストとは、ネットワーク内の不特定多数にパケットを同報配信することをいいます。「テレビやラジオのように、相手に関係なく一斉に配信する」と覚えてください。

⇒ ブロードキャストは通信相手を特定できない場面で使います。実際、さまざまなプロトコル、アプリケーションを使ううえで、そういう場面はよくあります。

　ブロードキャストの範囲は、小規模拠点ネットワーク構成図でいうと、ユーザー端末からルータ入り口までがそれにあたります。

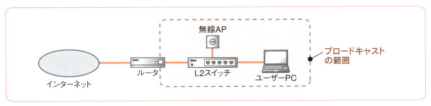

図　ブロードキャストの範囲（小規模拠点ネットワーク構成）
　点線で囲った範囲がブロードキャストドメイン。

　中規模拠点ネットワーク構成図でいうと、VLANで分かれている範囲がそれにあたります。

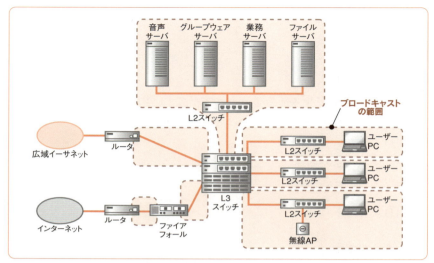

図　ブロードキャストの範囲（中規模拠点ネットワーク構成）
点線で囲った範囲がブロードキャストドメイン。

特殊用途のアドレス

　自分のPCがネットワークにつながらないとき、まず何を確かめますか？まずは自分の身の回りの環境から調べますね。

　「ケーブルはつながっている」
　「IPアドレスの設定はどうだろう」

　それも大事ですが、そもそも自分のPCのTCP/IPが有効になっているのか？　これが大事です。
　これまで、ユーザーに割り当てできないアドレスを紹介してきましたが、最後にもう1つあります。ループバックアドレス用です。
　アドレスの始まりが127のものは、ループバックアドレス用として予約されています。そのため、一般のユーザーへアドレスとして割り当てることは

できません。

　宛先アドレスにループバックアドレスを指定すると、自分自身に対しての折り返し通信を行い、外部にはパケットを出しません。あくまで自分自身がTCP/IPネットワークの端末として参加しているかどうかを調べるにとどまります。

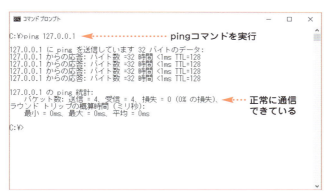

図　ループバックアドレス通信
コマンドプロンプトから「ping 127.0.0.1」とコマンドを投入する。

　図のようにpingコマンドの宛先にループバックアドレス（127.0.0.1）を指定すると、自分のPCのTCP/IPが有効になっているかを確認できます。手軽に障害の切り分けができる方法なので、豆知識として覚えておくとよいでしょう。

サブネットマスク

　ここまでIPアドレスのクラスについて説明してきましたが、実は大きな問題があります。それはクラス分けが大雑把すぎることです。

　クラスAであれば、ネットワーク数は126となります。ホスト数は16,777,214（$2^{24}-2$）台です。つまり、1ネットワークあたり16,777,214個のIPアドレスを端末に割り当てることができます。

他方、クラスCの場合は、クラスAと比べてネットワーク数は多くなりますが、1ネットワークあたりに割り当てられるIPアドレス数が少なくなります。

表　クラスごとのネットワーク数とホスト数

クラス	ネットワーク数	ホスト数（1ネットワークあたり）
クラスA	126	16,777,214
クラスB	16,384	65,534
クラスC	2,097,152	254

それでは、実際の運用の観点で話をしましょう。

たとえば、128.1.0.0はクラスBのネットワークアドレスです。そのため、上の表のとおり、65,534個のIPアドレスを端末に割り振ることができます。しかし、65,534個もの端末を1つのネットワークとして管理するのは現実的ではありません。クラスAであれば、16,777,214個になるのでなおさらです。

そこで威力を発揮するのが、サブネットマスクという概念です。

サブネットマスクは、IPアドレスとセットで使います。サブネットマスクの役割は、IPアドレスのクラスのホストアドレス部のうち、何ビット分かをサブネットにすることです。具体的には、以下の例を見てください。

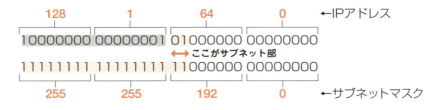

128.1.64.0はクラスBのアドレスですので、通常はネットワークアドレス部が16ビット、ホストアドレス部が16ビットです。しかし、サブネットマスクを見ると1が18個並んでいます（18ビット）。そのため、サブネットマスクと

の合わせ技により、ネットワークアドレス部は16ビット、サブネット部が2ビットということになります。そして残りの14ビットがホストアドレス部になります。

⇨ **ネットワークアドレスとサブネットマスクをまとめて表記するには、128.1.64.0/18とします。**

上の例のようにホストアドレス部の2ビットをサブネットに使うことで、128.1.0.0という1つのネットワークを、128.1.0.0、128.1.64.0、128.1.128.0、128.1.192.0の4つのサブネットに分けて、それぞれ16,382（＝$2^{14}-2$）の端末を管理できるようになります。

⇨ **2ビットで表すことのできる値は00、01、10、11の4つなので、4つのサブネットを作ることができます。ただし、古いルータの中にはオール0（00）、オール1（11）のアドレスをサブネットに使用できないものもあります。**

今の話を身近な例である、住所に置き換えて考えてみましょう。たとえば東京都という大きなエリアを、さらに小さなエリアに分けます。ここでは、新宿区と品川区に分割してみることにしましょう。東京がネットワークアドレスとすると、新宿、品川の部分がサブネットアドレスとなります。

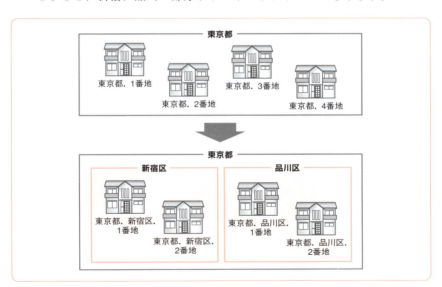

図　大きなエリアを小さなエリアに分ける

ネットワークアドレス	サブネットアドレス	ホストアドレス
東京都	新宿／品川区	××番地

図　小さくしたエリアがサブネットアドレスにあたる

　サブネットマスクとサブネットアドレスのイメージはつかめたでしょうか？

　先ほどの例では2ビットのサブネット化をしたわけですが、サブネット化するビット数に決まりはありません。各クラスのデフォルトのホストアドレス部を使用して、何ビットでもマスクをかけることができます。

　サブネット化をすることによって、サブネットワークをいくつも作ることができます。ただし、サブネットワークが増えると、1つのサブネットワークの配下に割り当てられるアドレス数はその分、減少します。

　次の表は、サブネット化によるアドレス割り当ての例です。

表　サブネット化によるアドレス割り当ての例

第1/第2オクテット	第3オクテット（ビット表示）	第4オクテット（ビット表示）
172.16	0001	0000
		0001
		0010
		0011
		0100
		0101
		0110
		0111
		1000
		1001
		1010
		1011
		1100
		1101
		1110

本社の各部署のサブネットアドレスとして使用
172.16.16.0/24～172.16.30.0/24

表　サブネット化によるアドレス割り当ての例（つづき）

第1/第2オクテット	第3オクテット（ビット表示）	第4オクテット（ビット表示）		
		000		支店のサブネットアドレスとして使用 172.16.31.0/27〜 172.16.31.192/27
		001		
		010		
		011		
		100		
		101		
		110		
172.16	0001	1111		
		111	000	本社と支店間のリンクに使用 172.16.31.224/30〜 172.16.31.252/30
			001	
			010	
			011	
			100	
			101	
			110	
			111	

グローバルアドレスとプライベートアドレス

　IPアドレスには、グローバルアドレスとプライベートアドレスという区分けがあります。

　グローバルアドレスは、世界中で重複することがないように、IANA（Internet Assigned Numbers Authority）という団体がアドレス管理をしています。皆さんがインターネット接続をするときには、グローバルアドレスを使います。

　一方、組織内（会社など）に閉じられたネットワーク（以降、ローカルネットワークという）、つまり外部と接続しないネットワークでは、任意のアドレスを使用してもかまいません。

　ローカルネットワークのIPアドレスの割り当てについては、RFC1918[注7]で

注7）http://www.ietf.org/rfc/rfc1918.txtで公開されています。

ルールが決められています。「グローバルアドレスとして利用されない範囲内のアドレスを使用する」という規定です。これがプライベートアドレスです。

プライベートアドレスとして使用できるアドレスは、次のものです。

表　プライベートアドレス

クラス	範囲
クラスA	10.0.0.0 ～10.255.255.255
クラスB	172.16.0.0～172.31.255.255
クラスC	192.168.0.0～192.168.255.255

ただし、実際のネットワーク環境では、グローバルとプライベートのアドレスを持った端末をそれぞれ用意するわけではありません。社外への通信か社内への通信かに応じて、グローバルアドレスとプライベートアドレスを変換する機能を持ったルータやファイアウォールなどのネットワーク機器が、**アドレス変換**を行います。

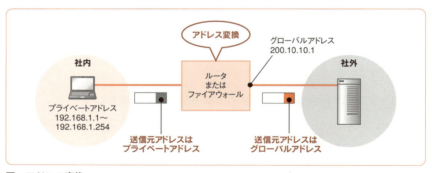

図　アドレス変換
ルータやファイアウォールなどのネットワーク機器がアドレス変換を行う。

小規模拠点のネットワーク構成図をご覧ください。小規模拠点のネットワークでは、専用ファイアウォールがない場合があります。その場合はたいてい、ルータがルーティングの機能に加えてアドレス変換の役割を担います。

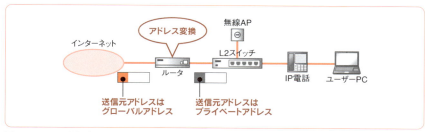

図　アドレス変換（小規模ネットワーク構成）
▎小規模拠点のネットワークでは、たいてい、ルータがルーティングの機能に加えてアドレス変換の役割を担う。

　他方、大規模拠点においては、専用のファイアウォールが設置されるケースが大半です。ルータとは分離し、それぞれがネットワーク上に存在しています。

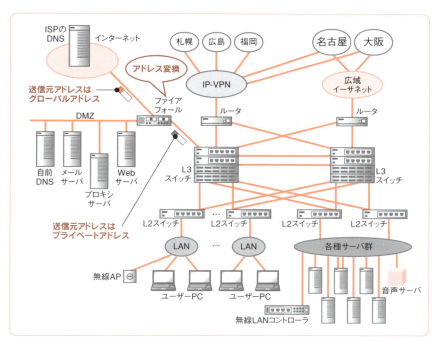

図　アドレス変換（大規模ネットワーク構成）
▎大規模拠点においては、専用のファイアウォールが設置されるケースが大半。つまり、ルータとは分離された専用機として存在している。

前ページの大規模拠点のネットワーク構成図のように、インターネットと社内LANの間にファイアウォールがあります。このファイアウォールがアドレス変換の働きをします。

まとめ

　この節では、次のようなことを学びました。

● IPアドレスは、ネットワーク機器や端末を識別するためのアドレスです。

● IPアドレスは、ネットワークアドレス部とホストアドレス部という階層構造を持っています。

● IPアドレスのホストアドレス部のビットがすべて「0」なのが、ネットワークアドレスです。

● IPアドレスのホストアドレス部のビットがすべて「1」なのが、ブロードキャストアドレスです。

● IPアドレスは、クラスA～クラスEの5つのクラスに分かれています。その中でもユーザーに割り当てられるアドレスは、クラスA～クラスCの範囲内となります。

● IPアドレスのクラスによるネットワーク数とホスト数のバランスの悪さは、サブネット化することで解消できます。

● IPアドレスには、組織外で使うグローバルアドレスと組織内で使うプライベートアドレスという区分けがあります。

CHAPTER 2

4 IPv6

この節では「モノのインターネット（Internet of Things）」で普及が期待されるIPv6について学びます。

IPv6の概要

前節でIPアドレスについて説明しましたが、その説明はIPv4（Internet Protocol version4）についてのものでした。今ではIPv4の後継規格にあたるIPv6（Internet Protocol version6）が登場していますが、実際のネットワークで使われているのはまだIPv4がほとんどであるためです。IPv6をネットワークに導入して運用している組織は少なく、まだ試験段階として導入していることが多いのが現実です。

しかし、インターネットの発展に伴い、IANAが管理するグローバルIPv4アドレスの在庫は2011年に枯渇してしまいました。そのため、現在ではIPv4アドレスの新規調達ができなくなっています。

さらに、「モノのインターネット（Internet of Things）」をはじめ、インターネットの利用は拡大しており、今後のインターネットを支えるプロトコルとしてIPv6への期待は高まってきています。

そこで、これからに備えて、IPv6の「ここだけはまず押さえておきたい」ポイントを学びましょう。

膨大な数のアドレス

前節で説明したとおり、IPv4アドレスは「0」と「1」の2進数からなる32ビットで構成されています。そのため、次の計算のとおり、約43億のIPアドレス

57

がありました。

$$2^{32} = 4,294,967,296$$

　43億というとかなりの数に思えますが、それでも1991年の時点で既にIPアドレスの枯渇が危惧されるようになっていました。

　そこで、このIPアドレス枯渇の問題に対処するために、いくつかの方法が考えられました。その1つがIPv6です。IPv6のアドレス形態は、「0」と「1」の2進数からなる128ビットの値となります。アドレスが128ビットで構成されることから、約340澗（340兆×1兆×1兆）のアドレスを利用することができます。これはほぼ無尽蔵といえる数であり、これならばIPアドレスの枯渇を心配する必要はありません。

$$2^{128} = 340,282,366,920,938,463,463,374,607,431,768,211,456$$

IPv6アドレスの表記

　IPv6アドレスの長さは128ビットと、IPv4アドレスの4倍です。このように長いアドレスをどうやって表記するのでしょうか？　アドレス表記のポイントは次のとおりです。

- 16ビットごとに区切って16進数で書く
- 区切り文字は「:」（コロン）
- IPv6アドレスのうち、ネットワークアドレス部にあたる部分をプレフィックスと呼び、その長さを「/」の後に書く

⇨「/128」（アドレス全体）は明示的に指定する必要はないので、しばしば省略されます。

IPv6アドレスの省略表記

IPv6アドレスには、省略して表記するためのルールがあります。これだけはぜひ覚えておきましょう。

- 各ブロックの先頭の連続する「0」は省略可能
- 「0000」は「0」と表現する
- 連続する「0」のブロックは、1回に限り「::」に置き換え可能

具体的な例は、次のとおりです。

2001:1000:0120:0000:0000:0000:1234:0000

各ブロックの先頭の連続する「0」は省略可能。
「0000」は「0」と表現する

2001:1000:120:0:0:0:1234:0

連続する「0」のブロックは、1回に限り、「::」に置き換え可能

2001:1000:120::1234:0

「::」が使えるのは1回だけです。次のように2回以上使ってはいけません。

誤り

2001:1000:120::1234::　✕ ◀······ こうは書けない

まとめ

この節では、次のようなことを学びました。

● IPv6は、IPv4アドレス枯渇の問題に対処する方法の1つとして策定された IPv4の後継規格です。

- IPv6アドレスは128ビットで構成され、約340澗（340兆×1兆×1兆）のアドレスを利用することができます。

- IPv6アドレス表記のポイントは次のとおりです。

  ・16ビットごとに区切って16進数で書く

  ・区切り文字は「:」（コロン）

  ・IPv6アドレスのうち、ネットワークアドレス部にあたる部分をプレフィックスと呼び、その長さを「/」の後に書く

- IPv6アドレスでは以下の省略表記が利用できます。

  ・各ブロックの先頭の連続する「0」は省略可能

  ・「0000」は「0」と表現する

  ・連続する「0」のブロックは、1回に限り「::」に置き換え可能

CHAPTER

3

WAN超入門

離れた拠点間をネットワークで接続するにはWANが
必要です。ユーザーが自分で構築・運用するLANと
は違い、WANはサービスとしての利用になります。
本章ではWANの概要、WANの構成要素、WAN回線
の種類について学びます。

CHAPTER 3

1 WANとは

この節では、WANの概要について学びます。

「外」との接続

　企業ユーザーがデータ通信や内線電話のやり取りをする先は、ビルの構内（LAN）だけとは限りません。東京本社にいる人であれば、神奈川支社にデータを送るケースもあれば、大阪支社に内線電話をかける場合もあるでしょう。

　そのためには、遠く離れたLANや内線電話網を相互接続するための仕組みが必要です。つまり、企業の本社と地方の支社をつなぐネットワークが必要なのです。その橋渡しをするのが**WAN**（Wide Area Network）という、広範囲で大規模なネットワークです。

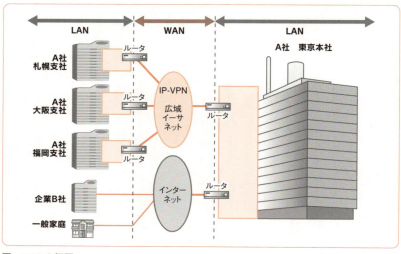

図　WANの概要

誰が運用管理しサービスとして提供してくれるのか

　LANは、基本的にユーザーが自前で構築し、運用管理します。構築から運用管理までのすべてをアウトソーシング（外注）するケースもありますが、アドレス管理やネットワーク機器の資産管理などの最終責任はユーザーが負います。

　では、WANは誰が構築し、運用管理しているのでしょう？

　答えは、国へ通信事業の登録・届け出を行った電気通信事業者です。

　電気通信事業者の代表的な会社に、NTTやKDDI、ソフトバンクがあります。利用者は、指定のサービス料金を電気通信事業者に支払って、WANの回線を使用します。電気やガス、水道と同じで、サービスを購入してWANを利用すると思えばよいでしょう。

ネットワークの継続性を考慮したWAN構成

　次の小規模拠点ネットワーク構成図をご覧ください。

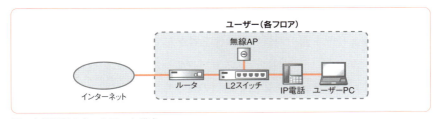

図　小規模拠点ネットワーク構成
小規模拠点ネットワークのWANへの入り口であるルータは、シングル構成。

　この図のうち、WANの部分に障害が発生したらどうなるでしょうか？

少し考えてみてください。

　答えは、対向先との通信がまったくできなくなります。

　小規模な拠点であれば、ネットワークの利用ユーザーが少ないため、ビジネスに対するインパクトはそれほど大きくはないでしょう。最悪、ネットワークは使えないとしても、電話であれば一般電話（公衆網経由）や携帯電話で代替できます。

　しかし、ユーザー数が100人や200人、1000人以上であったらどうなるでしょう。ユーザー全員が一般電話を使用し、長距離電話や携帯電話を使ったとしたら大変です。料金はかさむばかりです。また、ネットワークが止まっている時間が長くなれば、電子メールは使えない、業務用のデータは本社に送れないなど、オフィスは大混乱です。

　ネットワークの規模や利用者が大きくなればなるほど、ビジネスに対するインパクトは大きくなります。そこで、ネットワークの継続性を考慮したWAN構成が必要です。つまり、冗長構成とするのが理想なのです。

　冗長構成とは、簡単にいうと予備系がある構成です。たとえば、通常の運用で使用している回線に万が一障害が発生しても、バックアップの回線を介して通信が可能となり、ユーザーに影響なくネットワークの正常性が維持できる構成と思ってください。

　一般的に、通常運用のWAN回線は、広域イーサネット網、IP-VPN網になります。セキュリティ面や通信の信頼性を考慮しての選択です。

　他方、インターネットVPNは、コストパフォーマンスという面ではメリットがありますが、セキュリティ面や通信の安定性に不安が残ります。そのため、バックアップ回線としての位置付けをするネットワーク管理者が多いでしょう。

⇒WAN回線の各種サービスについては、p.78から詳しく解説します。

ただし、今述べた構成に正解はありません。コスト重視なのか、信頼性や安定性を重視するのか、会社としてのポリシー、すなわちネットワークにおける方針で決まります。

　本書では、一般的なネットワーク構成例として、p.12に小規模拠点から大規模拠点までを挙げています。以降は、そこに挙げた構成をベースに話を進めていきます。

まとめ

この節では、次のようなことを学びました。

● WANとは、LANとLANの橋渡しをする、広範囲で大規模なネットワークのことです。

● WAN回線は国へ通信事業の登録・届け出を行った電気通信事業者が構築し、運用管理しています。

● ネットワークの規模や利用者が大きくなると、ネットワークの継続性のためにWANを冗長構成にする必要があります。

CHAPTER 3

2 WANにおける登場人物

この節では、WANの構成要素について学びます。

「**LANの先はどうなっているのだろう？**」
「**LANとLANを橋渡しをするWANってどうなっているんだろう？**」

と、読者の皆さんは「モヤモヤ」としていると思います。

　LANは構内にネットワーク機器が存在しているため、ネットワーク管理者であれば、構成がどうなっているのかイメージもしやすいでしょう。しかし、WANは構内ではなく、**外**に存在しているネットワークです。実際の管理を行っている人も、自社ではなく通信事業者です。また、自社だけでなく、他社もその設備を利用しています。つまり、われわれには「見えないネットワーク」なのです。

　実際のところ、通信事業者ごとにWANのネットワーク構成は異なります。しかし、基本的な構成要素はみな同じです。読者の皆さんは、現時点でWANのネットワーク構成の詳細まで学ぶ必要はありません。まずは、WANの基本的な考え方や構成要素を把握することから始めましょう。

　それでは、次ページの図「WANの基本構成」を中心に、WANの構成要素について学んでいきたいと思います。

　WANの構成要素は大きく分けると、

① 宅内装置(アクセスルータ)

② 回線終端装置

③ アクセス回線

④ WAN中継網

の4つです。

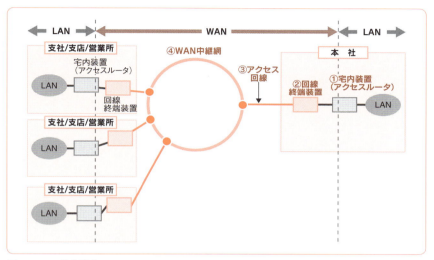

図　WANの基本構成

WANにつなぐための「宅内装置（アクセスルータ）」

　宅内装置（アクセスルータ）は、WANにつなぐためのルータです。LAN側とWAN側のパケットを橋渡しする役割を担います。

　また、実際の現場では、アクセスルータのことをWANルータやブロードバンドルータということもあります。このうちWANルータというときは、広域イーサネット網やIP-VPN網のサービスに接続するためのアクセスルータを指すケースが大半です。企業向けのルータでもあります。

　他方、ブロードバンドルータというときは、インターネットに接続するた

めに利用するアクセスルータのことを指します。一般家庭用で使用されるアクセスルータはこちらです。ただし、企業向けであっても、小規模拠点ネットワーク用ではブロードバンドルータと呼ぶこともあります。一般家庭用とさほど変わらないスペックの製品を使う場合があるからです。念のため、両方の名前で覚えておくとよいでしょう。

実際の現場では、WANルータであってもインターネットに接続するルータであっても、小規模拠点ネットワークであれば同じような装置を使っています。たとえば、NEC製のUNIVERGE IXシリーズルータです。この装置は、広域イーサネット網やIP-VPN網のサービスの接続にも使われていますし、インターネット用の回線である光回線やCATVに接続するのにも使われます。また、ISDNモジュールを実装することもできるため、ISDN網を使ったバックアップ回線用としても使われています。

写真　NEC製のUNIVERGE IXシリーズルータ

小規模拠点向けのルータは装置自体もコンパクトなため、上の写真のようにラックのちょっとしたスペースに設置できます。しかしその半面、設置した場所をきちんと管理しておかないと、ひとたびWAN回線に障害が発生した際に、肝心のルータが見つけられなかったり、本来交換すべきルータと違う装置を交換してしまったりします。

小規模拠点向けルータは、特に数が多くなればなるほど、ラック内で見つ

けにくくなります。装置に管理ラベルを付けるなど、装置設置後の保守運用面でも考慮が必要です。

Column　WAN側で使われるインタフェース

一昔前までは、WANのアクセス回線にISDNや専用線を使用することも多く、WAN側で使われるインタフェースも次のようにさまざまなものがありました。

- BRIインタフェース
- PRIインタフェース
- ATMインタフェース

BRIやPRIインタフェースはISDNや専用線のサービスを利用するものです。ATMインタフェースであればATM回線を利用したサービスです。たとえば、次の写真「BRIインタフェースカード」を見てください。

写真　BRIインタフェースカード
ルータにBRIインタフェースカードが実装されている。

上の写真では、ルータはISDN用のBRIインタフェースを実装しています。
企業向けのルータは、接続するWAN回線のインタフェースに合わせて実装するインタフェースカードを選択することができます。一昔前までは、さ

まざまなインタフェースに対応できることがルータの売りでした。

　しかし、今ではWANのアクセス回線として光回線を使うことが大半です。そのため、アクセスルータのWAN側のインタフェースもEthernetインタフェース（UTPや光ファイバケーブルタイプ）となっています。

WANとLANの伝送方式を変換する「回線終端装置」

「どこまでがWANで、どこからがLANなのでしょうか？」

　ネットワークに障害が発生したときのために、責任分解点を明確にしておくことは重要です。どこまでが通信事業者が提供しているサービスで、どこからが自社が構築したネットワークであるかを明確にするためです。いざネットワークに障害が起きたときには、WAN回線が悪いのか、それともユーザー側のネットワーク機器が問題なのか、切り分けのポイントとなります。

　ちなみに上の質問の答えは、WAN回線から見て宅内装置（アクセスルータ）のWAN側のインタフェースまでがWANです。宅内装置のWAN側インタフェース以降、ネットワークに参加しているユーザー端末までがLANとなります。

⇒ 家庭用の光回線でいうと、ONU（光回線終端装置）はWANにあたるわけですね。

　通信事業者からのWAN回線を社内のネットワークにつなぐには、終端する装置が必要です。WANの伝送方式とLANの伝送方式を変換しなくてはならないからです。たとえば、通信事業者から光ファイバで構内の入り口まで引き込まれていれば、LAN側で使われるUTPケーブルの伝送方式への変換が必要です。その変換のための装置が回線終端装置（データ回線終端装置、DCE：Data Circuit terminating Equipmentともいう）です。

　代表的な回線終端装置には、以下のものがあります。

- ONU
- モデム
- TA
- DSU

最近の一番の主流は**ONU**（Optical Network Unit）でしょう。ONUは、電気信号と光信号を変換する装置です。

写真　電気信号と光信号を変換するONU

ところで、実際のネットワークの現場に訪問する人は、装置を触るエンジニアだけではありません。営業部門の人やエンジニアを管理するマネージャークラスの人でも定期的に訪問することになります。むしろエンジニア以外の人のほうが、お客さまのところへ挨拶や提案などで出向くチャンスはあります。

そのとき「ちょっとした知識」さえあれば、未然にトラブルが回避できたり、お客様にヒアリングする際も潜在するニーズを掘り起こせたりするでしょう。たとえば「ケーブルが偶然にもONUから抜けかかっていた」なんて

ことは、実際の現場では珍しくありません。また、少しでも現場の状況がわかれば、技術的なことはわからなくても、エンジニアと円滑なコミュニケーションを取ることができます。

そんなわけで、これから話す内容は、ぜひ「ちょっとした知識」として知っておいてください。現場できっと役に立ちます。

以下の図のとおり、ONUは光信号と電気信号を変換する役割を担っています。ONUから見たネットワークの構成を脳裏に焼き付けてください。

ポイントは3つです。

①WAN側向けのONUの口

②構内LAN側向けのONUの口

③ONU向けのルータの口（参考）

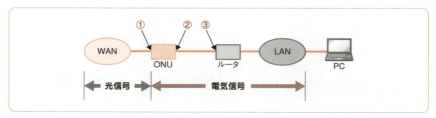

図　ONUの接続の概略図

ONUは双方のケーブルを通じて送られてくる信号を変換しています。次ページの写真「ONUの背面」を見てください。一番下の白くて細いケーブルが光ファイバケーブルです。一番上のオレンジ色のケーブルがUTPケーブル（イーサネット）です。

光ファイバケーブルは、WAN側になります。ONUの「LINE」と明記されている口に接続されています。概略図の①の箇所です。

写真　ONUの背面
上のポートがLAN側へ。中央は電源用、下のポートには光ファイバケーブルを接続。

　他方、UTPケーブルはLAN側です。つまり、ユーザーのPCやサーバがあるネットワーク側です。ONUの「UNI (User Network Interface)」と明記されている口に接続します。概略図の②の箇所です。

写真　ONUのUNIにUTPケーブルを接続

　参考ですが、概略図の②の対向側である③は、ルータに接続されることになります。次ページの写真で上段のポートに接続されているのが、②からくるケーブルです。

写真　ONUに接続したLANケーブルをルータにつなぐ

　電気信号や光信号がどのように変換されているかということまでは、現時点で知る必要はありません。ここまでのことを概念的に押さえておけば、ネットワークの利害関係者と円滑なコミュニケーションが取れるはずです。

WANの足回り「アクセス回線」

　読者の中には、勤務先が東京都内で、自宅がある神奈川や埼玉、千葉から通勤している人も少なくないでしょう。都内の勤務先へ行くための交通手段はいくつかあります。電車、バス、車といったところでしょうか。
　たとえば、電車だとします。
　電車で都内の山手線沿いの駅にある勤務先に行くためには、都内を走る山手線に乗車しなくてはなりません。そのためには、神奈川県から通勤する人であれば東海道本線や京浜東北線、千葉の人であれば常磐線などに乗車し、山手線が停車する駅（アクセスポイント）まで、まずはたどり着かなくてはなりません。
　車だったらどうでしょうか。
　高速道路に乗るためには、自宅から最寄りの高速道路の入り口（インター）まで、一般道路を車で走らなければなりません。

これらの話と同様に、通信事業者のWANのサービスを利用するには、WANの中継局まで接続する回線が必要となります。それが**アクセス回線**です。実際の現場用語で**足回り**ともいいます。覚えておくと便利です。

　アクセス回線としては、電話回線を使ったものや、メタル（銅線）、光ファイバを使ったものなど、さまざまなサービスが通信事業者から提供されています。

代表的なアクセス回線

- 光回線
- 専用線
- CATV（ケーブルテレビ）

　実際にインターネット網や通信事業者が提供している各種WAN回線サービスを利用するには、そこに行くまでの手段（アクセス回線）が必要ということです。

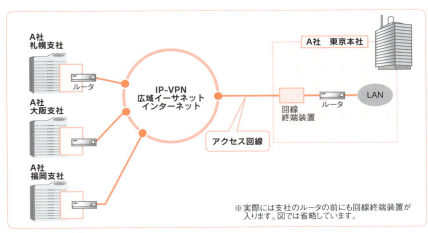

図　アクセス回線

高速道路「WAN中継網」

　いよいよ話はWAN回線の中核の部分に入ります。ユーザーからのデータは、アクセス回線を介して、各種WAN回線サービスのアクセスポイントに到達しました。

　先ほどまでの話のつづきで道路にたとえると、高速道路のインター（アクセスポイント）に着いたところです。

　ここからは、高速道路で目的地の最寄りのインターまで、高速道路から見える海や川、山を見ながら、ひたすら走りつづけることになります。これがWANの構成要素でいう**WAN中継網**です。

　車（データ）が目的地の最寄りのインター（アクセスポイント）に到着すると、インターを降りてふたたび一般道路（アクセス回線）を走り、目的地までひたすら走り抜けるだけです。

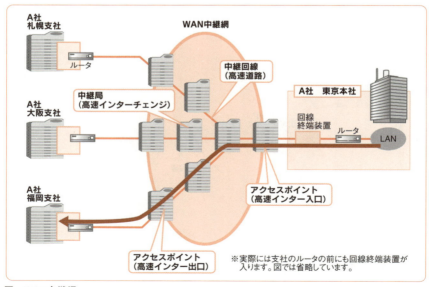

図　WAN中継網

まとめ

この節では、次のようなことを学びました。

- WANの構成要素は、大きく分けると次の4つです。
  - ・宅内装置（アクセスルータ）
  - ・回線終端装置
  - ・アクセス回線
  - ・WAN中継網

- 宅内装置（アクセスルータ）は、WANにつなぐためのルータです。LAN側とWAN側のパケットを橋渡しします。

- 宅内装置（アクセスルータ）のWAN側のインタフェースが、LANとWANとの責任分解点です。

- 回線終端装置は、WANの伝送方式とLANの伝送方式を変換します。たとえば、WANの光ファイバケーブルの光信号とLANのUTPケーブル（イーサネット）の電気信号を変換します。

- アクセス回線は、WANのサービスを利用するための、WANのアクセスポイントまで接続する回線です。

- WAN中継網は、アクセスポイント同士を中継する役割を担います。

CHAPTER 3

WAN回線のサービス

この節では、さまざまなWAN回線のサービスの特徴について学びます。

　現在の企業ネットワークで使われているWAN回線のサービスは、大きく次の2つに分類できます。

- 通信事業者が提供する通信網
- インターネット網

　インターネット網は企業だけでなく一般のユーザーにも利用されます。皆さんもなじみが深いでしょう。このようなWANの大きな枠組みを理解したところで、WAN回線のそれぞれのサービスについて具体的に学んでいきましょう。

通信事業者が提供する通信網

　通信事業者（キャリア）が構築し、その通信事業者だけに閉じられた通信網です。多拠点間通信に適しています。
　代表的なものとしては、**IP-VPN網**や**広域イーサネット網**があります。各通信事業者がサービスとして提供しており、各社、別々のネットワークとして運用されています。ユーザーが複数のWAN回線を利用するときは、リスク分散のために異なる通信事業会社に振り分けるのがよいでしょう。また、そうしたほうが費用交渉の面でも有利です。

> 誰が回線を使うの？

　法人向けです。一般ユーザーが利用することはありません。多額の月額費用がかかるからです。

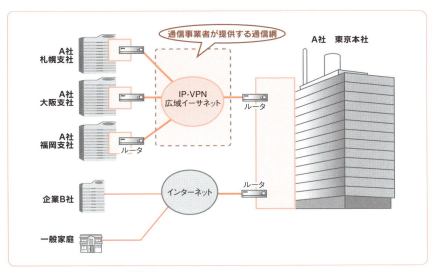

図　通信事業者が提供する通信網

IP-VPN網とインターネットVPN

　よく、IP-VPN網とインターネットVPNを同じものだと勘違いする人がいます。VPNという言葉に惑わされてしまうのでしょう。

　IP-VPN網は、通信事業者が自前で構築した**閉域IP網**です。つまり、通信事業者が設備を保有し、それを利用する企業へサービスとして提供します。ガスや水道、電気をわれわれがサービスとして利用し、月額費用を支払うのと同じ理屈です。

　用途としては、次の3つが挙げられます。

- 中規模から大規模拠点ネットワークでの利用

- セキュリティが重視されるネットワークでの利用

- 通信品質が求められるネットワークでの利用

　実際の現場では、企業にとって極めて重要なトラフィック、たとえば基幹業務や音声などの通信にIP-VPN網を選択します。

　他方、**インターネットVPN**は、インターネット上で実現されるVPN（Virtual Private Network：仮想プライベートネットワーク）です。

　インターネットVPNは、**インターネット網上**に仮想的な専用線網を作り上げる技術です。IP-VPNや広域イーサネットなどと比べて、安価にWANを構築できます。ただし、インターネットVPNを構築するには、ユーザー側で専用のネットワーク機器（VPN装置）やVPNクライアントソフトを用意しなければなりません。

⇨ **一般的に、小規模拠点ではVPN機能を持ったルータがVPN装置となります。中・大規模拠点ではVPN専用機が導入されます。VPN装置はユーザー側で用意するため、導入後も保守などのメンテナンスが必要です。**

　実際の現場での用途としては、次の2つが挙げられます。

- 小規模から中規模拠点ネットワークでの利用

- 多店舗での利用

　極めて低コストで運用できることから、ネットワーク品質には少しばかり目をつぶってランニングコストを重要視したい、とする中小企業の選択として一番手に挙がるのがインターネットVPNです。

　また、コンビニエンスストアやCDビデオレンタル屋さんなどの多店舗のネットワークにも向いています。1店舗あたりの端末数は少ないけれども、とにかく全店舗を1つのネットワークにつなげたい、という要件に適しています。数百、数千店舗でも低コストでネットワークが構築できます。

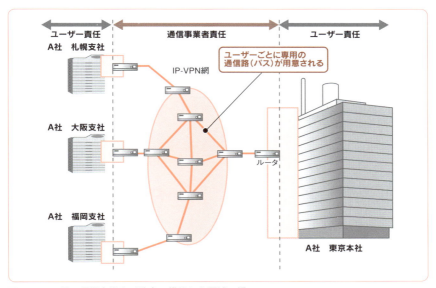

図　IP-VPN網は通信事業者が独自に構築した閉域IP網

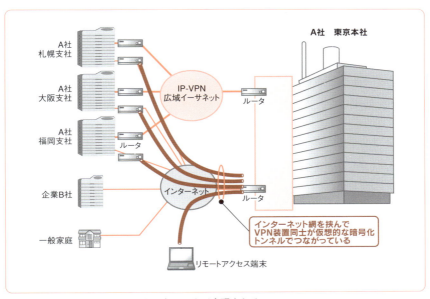

図　インターネットVPNはインターネット上で実現されるVPN

広域イーサネット網

拠点間にネットワークはまたがるが、あたかも1つのLANであるかのようにネットワークを構成できるのが広域イーサネット網です。

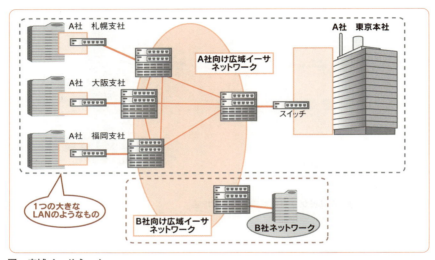

図　広域イーサネット

広域イーサネット網は、今まで話をしてきたIP-VPN網やインターネットVPNと比較すると、次のような利点があります。

- IP上の多様なルーティングプロトコルを設定可能
    IP-VPNではスタティックルーティングかBGPに限定される。

欠点としては次のものが挙げられます。

- ルーティング情報の管理など、運用面が煩雑となる
    WANルータのルーティング設定など、高度な知識が必要。

以上のように、広域イーサネットは網はシステム設計や運用などでカスタマイズの自由度が高くなっています。このことから、企業内に専任のネットワーク管理者がいる場合や、拠点数は多くないがネットワークの重要度が高く、高度な設定が必要な環境に向いています。

　したがって、ネットワークをお客様へ提案する際は、IP-VPN網やインターネットVPNとうまく組み合わせるなど、テクニックが必要です。機能の面で優れているからといって、間違ってもすべて広域イーサネット網でネットワークを提案したりしないようにしてください。

Column
フレームリレー

　IP-VPN網と広域イーサネット網が世の中に浸透する前は、フレームリレー網のサービスがWANサービスの主流でした。フレームリレー網も「通信事業者が提供する通信網」の分類に入ります。

　フレームリレーサービスは、データ転送時のフレームがうまく送れなかった場合の再送制御を省略することで高速なデータ伝送を実現する、データ交換と伝送の方式です。マルチプロトコル通信ができ、多数の拠点を有する企業ネットワークの構築に欠かせないサービスでした。

　フレームリレーサービスは、速度の異なる回線間でも通信できるのが特徴です。また、1本の物理（アクセス）回線で複数の相手端末と同時に通信できるフレーム多重機能が利用できることから、物理回線を効率的に利用できるのも大きな特徴です。

　しかし、時代の流れとともにユーザーの要求は厳しくなりました。よりいっそう通信速度を高めつつ、コストを低減させたい。この要件を満たすにはフレームリレーでは限界があります。

　フレームリレーでも高速な通信は実現できます。しかし、フレームリレーは1対1の拠点ごとに通信パスを張るので、通信対象が増えるごとに接続を追加する必要があります。つまり、それだけ料金がかかることになります。

他方、IP-VPNや広域イーサネットはサービスを1つの網として考えるので、通信パスが増えることを気にせずに拠点を増やすことができます。つまり、コスト面で優位性があるのです。

Column　　　　　　　　　専用線

　専用線はその名のとおり、物理的に専用の回線です。たとえばA拠点とB拠点があるとして、その2拠点間だけを結ぶための専用ネットワーク（ポイントツーポイント接続）が構築できます。

　専用線が企業ネットワークのWANとして浸透していたのは、フレームリレー網が流行る前です。フレームリレー網が流行った後は、地方に行けば行くほどフレームリレー網のサービスを受けられない場所が存在していたため、その代替手段としての使われ方をしていました。

　現在はIP-VPNや広域イーサネットのサービスが主流となり、コストパフォーマンスの観点から見てもメリットがないので、専用線だけでネットワークを組む企業はないでしょう。

　しかしその一方で、専用線は物理的に専用の回線であるため、品質と信頼性は一番です。そのため、会社のポリシーとしてセキュリティが最重要の場合には適しています。専用線が使われる位置付けは時代とともに変化したのです。

インターネット網

　最後にインターネット（The Internet）についてです。

　インターネットは、コンピュータネットワークを相互に連結させた、世界規模の一般公衆ネットワークです。

商用インターネットが公開されたことから爆発的に規模が拡大し、世界中のユーザーが利用する巨大な情報ネットワーク網に成長しました。今もなお、インターネットに流れるデータ量は増え続けています。

　今では公共機関や企業だけでなく、学校や一般家庭にも広く普及し、生活情報や趣味に関する最新の情報をリアルタイムで得られる環境にまで発展しています。

　インターネットサービスプロバイダー（ISP）は、ISP同士、直接または相互接続点経由でインターネットに接続されています。それにより、ユーザーが全世界のインターネット上で情報の発信や受信を行うことを可能にしています。

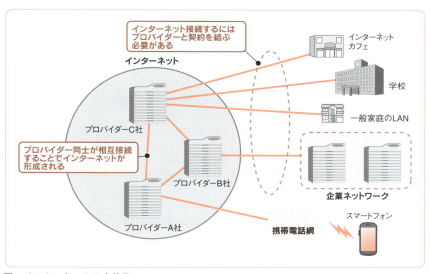

図　インターネットの全体像

通信事業者が提供する通信網との比較

　インターネット網を選択する一番の理由はコスト面です。とにかくコスト重視の場合に選択されます。その半面、誰もが共用で使うネットワークに情

報がさらされることから、セキュリティ面が脆弱になります。また、自らがセキュリティ対策を施す必要があります。自己責任のサービスです。

　自由なサービス、ただし自己責任。インターネット網を作ったアメリカならではといえるでしょう。

誰が回線を使うの？

　法人、一般ユーザーともに利用します。通信事業者が提供する通信網と違い、コスト面で安価だからです。ただし、法人が利用する場合はセキュリティを考慮した使用方法となります。

⇒ 詳細は第5章で解説します。

まとめ

この節では、次のようなことを学びました。

● WANサービスの枠組みは、大きく次の2つに分類できます。

　　・通信事業者が提供する通信網
　　・インターネット網

● 通信事業者が提供する通信網には、IP-VPN網や広域イーサネット網があります。

● IP-VPN網は、通信事業者が自前で構築した閉域IP網です。用途として次の3つが挙げられます。

　　・中規模から大規模拠点ネットワークでの利用
　　・セキュリティが重視されるネットワークでの利用
　　・通信品質が求められるネットワークでの利用

● インターネットVPNは、インターネット上で実現されるVPNです。用途として次の2つが挙げられます。

・小規模から中規模拠点ネットワークでの利用

・多店舗での利用

● 広域イーサネット網は、通信事業者が自前で構築した閉域網です。拠点間にネットワークはまたがるが、あたかも1つのLANであるかのようにネットワークを構成することができます。広域イーサネット網には、次のような利点と欠点があります。

・IP上の多様なルーティングプロトコルを設定可能

・ルーティング情報の管理など、運用面が煩雑となる

● インターネット網は、利用にコストがかかりません。その代わりセキュリティ面が脆弱になりますので、自らがセキュリティ対策を施す必要があります。

CHAPTER

4

スイッチ超入門

スイッチは、現在のネットワークを支える中心的な
装置です。ネットワークを取り巻く環境は大きく変
化し、スイッチは単にデータを中継するだけでなく、
さまざまな機能を提供するようになっています。本
章ではスイッチの基本的な機能、VLAN、スイッチの
種類、LANの冗長化について学びます。

CHAPTER 4

1 スイッチの話に入る前に

この節では、ネットワーク機器に対する心がまえについて学びます。

ここからの心がまえ

　スイッチの内容に入る前に、ここからの心がまえを読者の皆さんと共有しておきましょう。

　第3章までは、ネットワークの全般的な話やWANについてなど、ユーザーが実際の目ではほとんど見ることがない内容が中心でした。

　ここからは、読者の皆さんが実際に目にしたり触ったりする機会が多いと思われる、企業用ネットワークで使用される機器について学んでいきます。メリットやデメリットを中心に、特に概念的な理解を深めることで、皆さんが今後さまざまな機器を設定する際に、コンフィグレーション（設定情報）の値が何を意味し、どういう動作をし、ネットワークにどういう影響を及ぼすのか現場で理解できるようになることを目指します。

　具体的には、次のことを理解しなければなりません。

- それぞれの機器の役割
- 機器の設定

それぞれの機器の役割を理解する

　ネットワークで利用している機器の役割を知っていなければ、その機器がなぜ必要なのかがわかりません。つまり、ネットワーク全体におけるその機器の存在意義です。会社員にたとえれば、なぜその部署にいてその仕事をし

ているのか？ もっと言えば、将来的なことも含め、何のためにそこで働いているのか？ということです。

機器の設定について理解する

それぞれの機器の役割を理解したら、次は機器の設定について知っておく必要があります。設定を行ううえで必要なことは2つあります。設定方法とコンフィグレーション内容の理解です。

①設定方法

そもそも、設計されたコンフィグレーションを機器に設定する方法を知らなければなりません。設定方法は、ベンダー（販売代理店ともいう）ごとに違います。場合によっては、ベンダーは同じでも、機種ごとに違うこともあります。極論すれば、そのつどマニュアルを参照しながら理解することが必要です。ただ、現在の業界の傾向としては、シスコシステムズ製品が搭載しているCisco IOSに似たコマンドラインインタフェースが主流であるといえるでしょう。

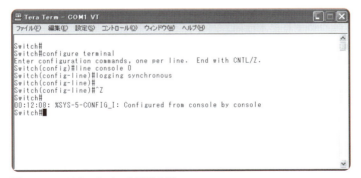

図　Cisco IOSのコンソール画面の例

ネットワーク機器の設定を行うためには、まず、PC端末をネットワーク機

器に接続しなくてはなりません。

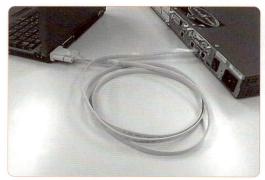

写真　コンソール接続図

　これで、前ページのコンソール画面のようにコマンドラインで操作が行えます。

② コンフィグレーション内容

　コンフィグレーションの設定内容を理解するのが重要です。設定方法は機器ごとに違いますが、設定内容それ自体には大きな違いはありません。設定内容の意味、つまり根本は同じだということです。

　たとえば、読者の皆さんが新しくスマートフォンを購入する場合、申し込み用紙は通信事業者ごとに違うものを使用するでしょう。しかし、書き込む内容は、名前、住所、電話番号など、どこの通信事業者でもほとんど一緒です。まったく違った項目名やサービス名であっても、突き詰めれば他社と同じようなことをいっているものが大半です。

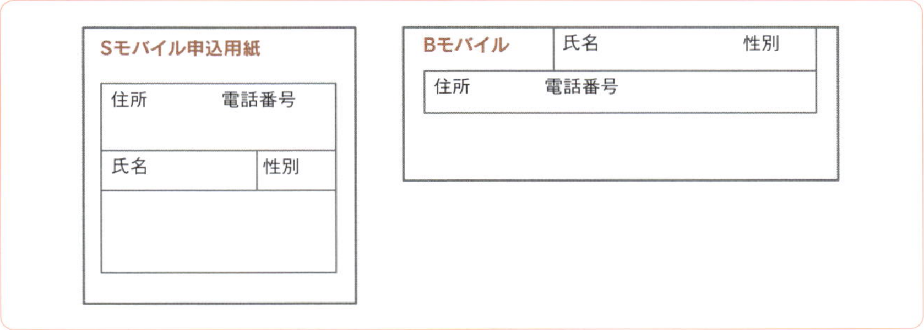

Sモバイル申込用紙	
住所　　　　電話番号	
氏名	性別

Bモバイル	氏名	性別
住所　　　　電話番号		

図　フォーマットは違っても書き込む内容はほぼ同じ

　ネットワーク機器の場合もこれと同じで、設定しなければならない値とその意味さえ知っていれば、後はその機器の設定方法に合わせて設定すればよいのです。

Column　スイッチの故障は初期不良が大半

　最近のスイッチはネットワークに導入後、よほどのことがない限り壊れることはありません。あるとすれば、大半は初期の段階（初期不良）です。つまり、新しくスイッチが搬入され、PC端末（コンソール端末ともいう）をつなぎ、電源を立ち上げるまでが勝負です。

まとめ

　この節では、次のようなことを学びました。

● **各ネットワーク機器について、次のことを理解するのが重要です。**

　・**それぞれの機器の役割**

　・**機器の設定**

CHAPTER 4

2 リピータハブとブリッジ

この節では、スイッチの先祖にあたるリピータハブとブリッジについて学びます。

「ネットワークの中核を担う機器は何でしょう？」

ネットワークはさまざまな機器で構成されて出来上がるため一概にはいえませんが、あえて挙げるとすれば**スイッチ**（スイッチングハブ）です。

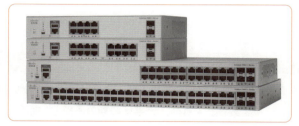

写真　スイッチ
　シスコシステムズ製Cisco Catalyst 2960-Lシリーズ スイッチ。提供：Cisco Sytems, Inc.

日本でインターネットが浸透し始めた1990年代までは、ネットワークといえばルータでした。厳密にいえばルータが主役で、スイッチの根源であるリピータハブがそれを支える役割だったといえるでしょう。それが2000年以降、ルータとスイッチのネットワークにおける重要性は、形勢逆転したといっても過言ではありません。

➾ リピータハブは、実際の現場では単に「ハブ」と呼ぶケースがほとんどです。また、スイッチングハブのことを単に「ハブ」と呼ぶ場合もあります。本書では、スイッチングハブとの混乱を避けるため、「リピータハブ」という表記を使います。

写真　ルータ
シスコシステムズ製Cisco 4000シリーズサービス統合型ルータ。
提供：Cisco Systems, Inc.

　その後の企業ネットワークでは、リピータハブもスイッチに置き換わりました。企業のフロア内で使われるスイッチの速度も、リピータハブ時代には10Mbpsだったものが、今では1Gbpsが当たり前となりました。スイッチ自体の値段も数千円からと安価になり、リピータハブという言葉自体を聞かなくなってしまいました。

　では、なぜリピータハブは使われなくなったのでしょうか？　スイッチの説明に入る前に、少しポイントを整理してみましょう。なお、この節の内容は**OSI基本参照モデル第2層（データリンク層）**以下の話です。IPよりも下位の、電気信号あたりの話だと思いながら読んでください。

CSMA/CD方式

　リピータハブは、PCやネットワーク機器などの端末からのLANケーブルを集線し、通信データを中継するための機器です。リピータハブでは、ケーブルにデータを流すためのルール（伝送路へのアクセス方式）として**CSMA/CD方式**を採用していました。

　CSMA/CD（Carrier Sense Multiple Access with Collision Detection）とは、次のような方式です。

① まず聞き耳をたてます ― CS(Carrier Sense)

送信したいデータを持つ端末は、伝送路をほかの端末が使用していないかどうか確認します。

図　CS(Carrier Sense)

伝送路に接続されたすべての端末は、常に伝送路上のすべての信号を聞いていて、伝送路が空いているかどうかを知ることができます。

② 誰でも送信できます ― MA(Multiple Access)

データを送信したい端末は、①のCSでほかの端末が通信していないことが確認できたら、いつでもデータを送信することができます。

このとき、ある特定の端末だけではなく、データを送信したいすべての端末にデータを送信する権利があります。このことをマルチプルアクセス(MA)と呼びます。

図　MA(Multiple Access)

③ 衝突を検出します ― CD（Collision Detection）

万が一、ほぼ同時に複数の端末がアクセスを開始した場合、伝送路上でデータの衝突（コリジョン）が発生します。

このコリジョンが起こった場合、それぞれのデータは壊れてしまうので、送信側の端末はコリジョンを検出して、正しい情報を再送しなければなりません。このコリジョンを検出する仕組みをCDと呼びます。

図　CD（Collision Detection）

コリジョンドメイン

　CSMA/CD方式において、データの衝突が起こる範囲のことをコリジョンドメインと呼びます。先ほどの説明からわかるとおり、このコリジョンドメイン内では、いちどに1対1でしか通信することができません。

⇨ イーサネットの場合、フレーム1つ（64〜1,518バイト）を送る間、伝送路を占有します。

図　コリジョンドメイン内で通信できるのは一対だけ

たとえば、端末Aが端末Dに対してデータを送信をしている間、ほかのすべて（端末Dを含む）の端末はデータを送信することができません。

　CSMA/CD方式は伝送路の奪い合いですから、奪い合う相手が少なければ少ないほど通信はしやすくなります。昔はLAN上にそれほど多くの端末が存在していなかったので、CSMA/CD方式はきちんと機能しました。

　しかし2000年以降、ネットワークの環境は大きく変わりました。今やLAN上にはPCやプリンタ、FAXまでも存在します。1人1台のPC環境も当たり前になりました。ユーザーが扱うデータ量も増加する一方です。動画や高解像度の画像など、アプリケーションも処理が重たくなるほどです。

　このような環境下では、CSMA/CDによるアクセス制御ではデータの衝突が頻発し、もはや使いものになりません。つまり、通信（電気信号）を中継するだけのリピータハブでは、もはや現場のニーズに応えられなくなったのです。

　ここでの問題は、「1つのコリジョンドメインの中に数多くの端末が存在している」ということです。それならば、コリジョンドメインを細かく分けて、それぞれに含まれる端末を減らせばよいですね。

　これはリピータハブの機能では実現できません。しかし、スイッチとブリッジなら実現が可能です。

コリジョンドメインを分割できるブリッジ

　コリジョンドメインを分割するネットワーク機器として、スイッチ以外にもう1つ、ブリッジがあります。

　ブリッジもスイッチ同様、OSI基本参照モデルのデータリンク層に位置付けられて、同様の機能を提供するネットワーク機器です。

　コリジョンドメインを分割するカギは、ブリッジの持つフィルタリング機能です。ここでいうフィルタリングとは、フレーム内のMACアドレス（第2

層のアドレス情報）を評価し、そのフレームをブリッジを越えて中継するかどうか判断する機能のことです。これがネットワーク間の不要なデータ送信を抑制し、結果としてコリジョンの発生を回避することができます。

⇨ リピータハブは第2層の情報を見ることなく、第1層の信号を中継していただけでした。

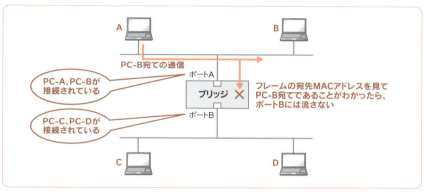

図　ブリッジ

フィルタリング機能の仕組み

　ブリッジは、装置内部に**MACアドレステーブル**と呼ばれるデータベースのようなものを持っています。これを参照してフィルタリング処理を行います。MACアドレステーブルには、受信したフレーム中の送信元MACアドレスと受信ポートをひも付けた情報を自動的に学習します。また、管理者が手動でMACアドレスとポートの対応を登録することもできます。

　受信フレームに対するフィルタリング機能の役割として、大きくは次の2つがあります。

- ネットワークをまたがせないようにする
- トラフィックを整理してLANの橋渡しをする

●ネットワークをまたがせないようにする

　ブリッジは、フレームを受信したらMACアドレステーブルを参照します。受信したフレーム中の宛先MACアドレスが、そのフレームを受信したポート自体にひも付けられて登録されている場合は、そのフレームをほかのポートから送出しても意味がありません。したがって、ネットワークをまたがせないようフレームを破棄します。

●トラフィックを整理してLANの橋渡しをする

　ブリッジは、受信したフレーム中の宛先MACアドレスが、受信ポート以外の特定ポートにひも付けられて登録されている場合は、フレームをその特定ポートからだけ送出します。つまり、トラフィック（データの流量）を整理してLANの橋渡しをします。

まとめ

　この節では、次のようなことを学びました。

● ネットワーク環境の変化により、CSMA/CD方式によるデータの衝突（コリジョン）の問題が大きくなり、リピータハブは使われなくなりました。

● コリジョンドメインを分割するネットワーク機器として、スイッチとブリッジがあります。

● コリジョンドメインの問題は、フレーム中の宛先MACアドレスとブリッジ（またはスイッチ）の持つMACアドレステーブルを照らし合わせるフィルタリング処理によって解決されます。

CHAPTER 4

3 まずスイッチの基本を押さえる

この節では、スイッチの概要について学びます。

　スイッチがリピータハブやブリッジに代わって主役となった理由を通して、スイッチの機能概要を説明しましょう。

リピータハブとの違い

前節で説明したとおり、ポイントはコリジョンドメインの違いです。

- リピータハブは装置自体がコリジョンドメイン
- ブリッジやスイッチは各ポートがコリジョンドメイン

リピータハブは装置自体がコリジョンドメイン

　リピータハブは、保有するすべてのポートに対してデータを流します。つまり、リピータハブ自体がコリジョンドメインです。受信したデータ信号をただ単に橋渡しします。このハブにつながるコリジョンドメイン内でいちどに1対1の通信しかできません。とても非効率です。

ブリッジやスイッチは各ポートがコリジョンドメイン

　他方、スイッチはブリッジと同様、装置内部にMACアドレステーブルを持ち、フィルタリング処理もできます。コリジョンを回避するための肝となる部分です。

　フィルタリングの機能により、学習済みMACアドレス宛てのフレームは特定ポートにだけ送信され、ほかのポートには影響が及びません。これによ

101

り、リピータハブでは実現できなかった、同時に複数のポート間での通信ができるようになります。つまり、ブリッジやスイッチは**各ポートがコリジョンドメイン**なのです。

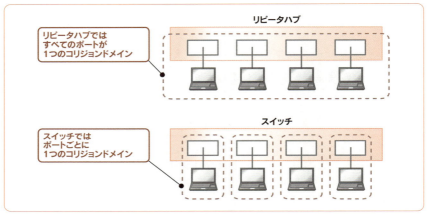

図　コリジョンドメインの違い

ブリッジからスイッチへ

　時代とともに、OSI基本参照モデルの第2層に対応するネットワーク機器の主役は、ブリッジからスイッチへと完全に変わりました。その理由は、装置の桁違いの**パフォーマンスの差**です。

　ブリッジは、フレームの解析と転送処理を**ソフトウェア**で行いますが、スイッチではこれを**ハードウェア**で処理します。これが大きな違いです。

　ブリッジは、PCなどで使われるCPUの半導体チップである汎用マイクロプロセッサでフレーム処理をします。

　他方、スイッチは、専用用途の半導体チップである**ASIC**(エーシック)（Application Specific Integrated Circuit）でフレーム処理をします。そのため、スイッチはブリッジに比べ高速な処理ができます。

ネットワークへ接続される機器が増加し、流れるデータも大容量化している現在では、高速なデータ解析と転送処理が必要不可欠です。スイッチでなくては現場のニーズに応えることができなくなったのです。

> **重要　ブリッジとスイッチの違い**
> - ブリッジはソフトウェア処理
> - スイッチはハードウェア処理

これだけは覚えようスイッチのポイント

スイッチはOSI基本参照モデルの第2層に対応する中継器

スイッチは、**OSI基本参照モデルの第2層（データリンク層）**に対応する中継器と考えてください。

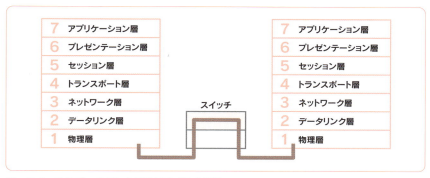

図　スイッチはデータリンク層に対応する中継器

スイッチは、PCやネットワーク機器などの端末を収容し、端末間の通信を中継する装置です。OSI基本参照モデルの第2層のレベルまで扱った中継

を行うことから、**レイヤ2スイッチ**とも呼ばれます。レイヤ2スイッチは、端末が送信したフレーム（通信データ）を受け取ると、そのフレームに書かれている宛先（MACアドレス）を調べ、その宛先が接続されているポートにのみフレームを転送します。これによって、ネットワーク内に不要なトラフィックが流れないようにし、通信効率を向上させます。

レイヤ2スイッチは、接続している端末のMACアドレスや接続ポートなどの情報を自動的に学習して**MACアドレステーブル**に保存し、この情報に基づいてフレームを適切なポートに転送します。

そうすることにより、次の図のように1と3のポートが通信していても、同時に2と6のポートで通信することができます。

⇒ また、各ポートは全二重で通信をします。全二重とは、送信と受信を同時に行うことです。特にIP電話を接続する際は、必ず全二重に設定するのが現場の鉄則です。IP電話については第7章で詳しく解説します。

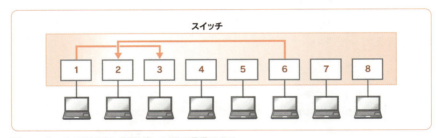

図　スイッチでは同時に複数ポート間で通信できる
同時に複数ポート間で通信できることで、転送効率の高いネットワークが実現する。

スイッチがMACアドレステーブルをどのように利用するかを示したのが次の図です。端末Aから端末Dにデータを送信する場合、スイッチは端末Aから受信したフレームの宛先MACアドレス（つまり端末DのMACアドレス）を、MACアドレステーブルの情報と比較します。端末DのMACアドレスは4番ポートに接続されているMACアドレスと一致するため、4番ポートにのみフレームを転送します。

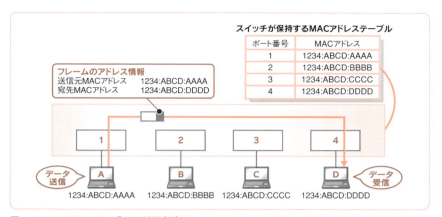

図　MACアドレステーブルの利用方法
スイッチは、受信したフレームの宛先MACアドレスとMACアドレステーブルの情報を比較して処理を行う。

スイッチの使用例

　スイッチはポートごとにコリジョンドメインを分割します。このことを利用すれば、かなり効率的なネットワークを考えることができます。

　たとえば、次の図のネットワークはリピータハブだけで構成されています。これだと、A、B、Cそれぞれのグループ内で大量のデータがやり取りされるとき、グループA内で通信が行われている間、グループB、Cは通信することができません。このことは、ほかのグループが通信している場合にもいえます。

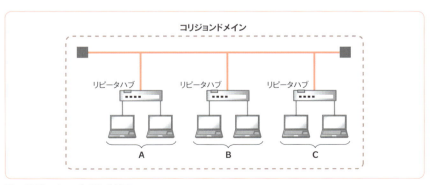

図　リピータハブでは非効率

そこで次の図のようにスイッチを取り付けると、グループごとにコリジョンドメインが分割されます。グループA内で通信が行われている間に、グループB、C内でも通信することができます。

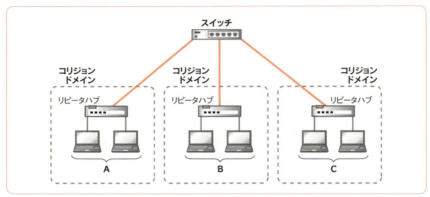

図　スイッチでコリジョンドメインを分割

初期のスイッチは、装置自体がブロードキャストドメイン

　レイヤ2スイッチは、MACアドレステーブルを参照してフレームの転送先ポートを決めますが、宛先MACアドレスがブロードキャストアドレス（すべての端末を示すアドレスFFFF:FFFF:FFFF）になっているブロードキャストフレームについては、すべてのポートに転送します。別の言い方をすると、レイヤ2スイッチではスイッチ全体が1つのブロードキャストドメイン（ブロードキャストが届く範囲）となっています。

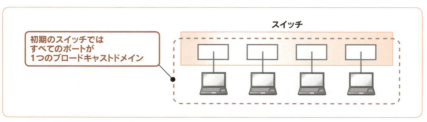

図　ブロードキャストドメイン

しかし、昨今のネットワーク環境では、ネットワークごとに存在する端末数が増加傾向ですので、誰彼かまわず送りつけるブロードキャストフレームはやっかいな存在です。ブロードキャストが伝播する範囲は、何とか上手に制限したいものです。

そこで、VLANという機能を使うことで、1つのスイッチでもブロードキャストドメインを複数に分割することができます。企業向けのスイッチでは、このVLAN機能が備えられています。

⇨ VLANについては、次節で詳しく解説します。

MACアドレスの学習プロセス

スイッチは、接続している端末のMACアドレスを自動的に学習し、MACアドレステーブルへ登録します（ネットワーク管理者が手動で登録することも可能です）。

ここで、図を見ながらMACアドレスの学習プロセスを確認しましょう。スイッチを起動した直後は、MACアドレステーブルにアドレスは登録されていません。図に示した処理を繰り返すことでMACアドレスを学習していきます。

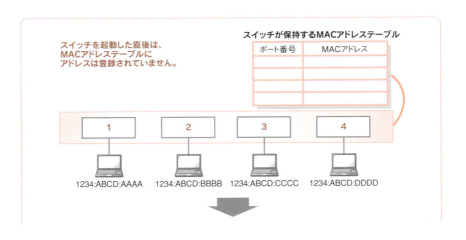

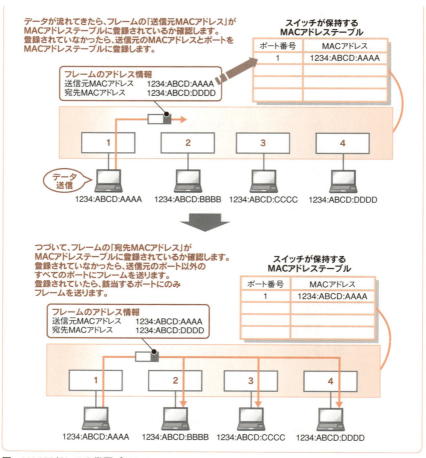

図　MACアドレスの学習プロセス

ここまでは、企業内のネットワークという観点でスイッチについて解説してきました。ここでは少し視点を変えて、家庭内LANについて実例を交えて解説しましょう。

現在の新築マンションには、LANが整備されていることが珍しくありません。そのような家庭内LANは、企業内LANと違い、低コストで構築できなければなりません。1家庭内で接続するPCの台数も少ないですし、利用方法も電子メールを使ったりホームページを閲覧したりという程度だからです。

　一般的な家庭内LANの構成では、1家庭に1つ、集線用のスイッチが存在します。集線用のスイッチはコンパクトなもので、ポート数も8ポート以内であることがほとんどです。

写真　家庭用スイッチ

その集線用のスイッチから各部屋へケーブルが壁を通じて延びています。

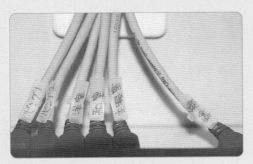

写真　家庭内配線
集線用のスイッチから各部屋へケーブルが壁を通じて延びている。

マンションの各部屋には、情報コンセントが用意されています。

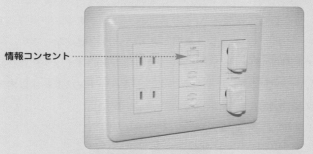

写真　情報コンセント
情報コンセントは、集線用のスイッチのポートへ壁を通じてつながっている。

情報コンセントとは、壁に電源コンセントと同様、差込口があると思えばよいでしょう。

写真　情報コンセントにUTPケーブルを接続

写真では、情報コンセントのほかにも、電源やアナログ電話回線の口が用意されています。その中のLANの口にUTPケーブルを介してPCを接続すれば、ユーザーは家庭内LANを利用できます。

こうした家庭内LANは、われわれの生活にとって、今やすっかり身近なものになったといえるでしょう。

まとめ

この節では、次のようなことを学びました。

● リピータハブは装置自体がコリジョンドメインでしたが、ブリッジやスイッチは各ポートがコリジョンドメインです。

● ブリッジは、フレームの解析と転送処理をソフトウェアで行いますが、スイッチでは、これをハードウェアで処理します。ハードウェアによる高速なデータ解析と転送処理により、今では完全にスイッチが主役となりました。

● スイッチはOSI基本参照モデルの第2層（データリンク層）に対応する中継器です。これをレイヤ2スイッチと呼びます。

● レイヤ2スイッチは、MACアドレステーブルを参照してフレームの転送先ポートを決めますが、宛先MACアドレスがブロードキャストアドレス（FFFF:FFFF:FFFF）になっているブロードキャストフレームについては、すべてのポートに転送します。ただし、VLAN機能があればこれをコントロールできます。

● スイッチは、接続している端末のMACアドレスを自動的に学習し、MACアドレステーブルへ登録します。ネットワーク管理者が手動で登録することも可能です。

CHAPTER 4

組織編制──あなたならどう対処する？（VLAN）

この節では、柔軟なネットワーク運用に欠かせないVLANについて学びます。

　ここからは、少し話の技術レベルが上がります。そこで、まずはケーススタディを通じて現場の臨場感をつかむことから始めましょう。

ケーススタディ

　Aさん、Bさん、Cさん、Dさん、Eさんは、これまで同じ部署でしたが、人事異動に伴い3つの部署へばらばらに異動することになりました。

　各人の異動先は、以下のとおりです。

- AさんとEさんは総務部
- Bさんは経理部
- CさんとDさんは財務部

　各人の現在の席は3階です。異動先の部署はすべて1階になります。しかし、異動先である1階のフロア拡張工事が終わっていないことが判明し、しばらくの間、元の部署（3階）で仕事をすることになりました。なお、人事発令が出ている関係上、すぐに異動先の仕事をしなくてはなりません。

　このケースのポイントは、次の3点です。

- 各人の異動先の部署（1階）と今の席（3階）が階をまたいでいる
- フロア拡張工事中のため、すぐに引っ越しができない（しばらくの間、元

の席がある3階で仕事をしなくてはならない）

- 各人のPCは、異動先のネットワークに所属しなくてはならない

あなたがネットワーク管理者であったらどうしますか？

この場合、スイッチの機能の1つであるVLANを利用すれば、物理的には同じフロアであっても、論理的に別のネットワークとすることができます。

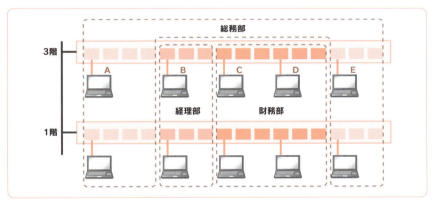

図　3階にいながら1階の別々のネットワークに所属する
VLANを用いたネットワークイメージ図。

そのためには、現在各人のPCがつながっているスイッチを、VLANの機能を使って論理的に分割しなくてはなりません。

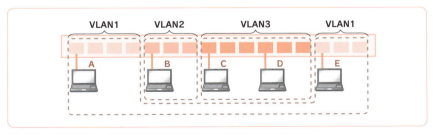

図　スイッチをポート単位で論理的に分割
スイッチのポートがどのVLANに所属するのか設定する。

それでは、VLANの技術的な内容について見ていきましょう。

VLANとブロードキャストドメイン

VLANとは、「1つの物理的なネットワークを複数の論理的なネットワークに分割する技術」です。別の言い方をすれば、VLANを使うとブロードキャストドメインを分割できます。ブロードキャストドメインとは、ブロードキャストフレーム（宛先MACアドレスがすべての端末であることを示すFFFF:FFFF:FFFFのフレーム）が届く範囲のことで、ルータを越えずに直接通信できる範囲（ネットワークセグメント）をいいます。

レイヤ2スイッチでは、本来、すべてのポートが1つのブロードキャストドメインに属しています。しかし、VLAN機能を使うことによって、ポートごとに所属するブロードキャストドメインを任意に設定し、論理的にグループ分けすることができます。

つまり、各人が所属する部署が1階と3階にまたがっていても、VLANを使えば各人のPCをどのブロードキャストドメインに所属させるかを自由に設定できるのです。

今後、組織の変更に伴うフロアの配置換えなどがあった場合にも、スイッチの各ポートの所属するVLANを変更することで、柔軟に対応できます。

⇒ 所属するVLANを変更するには、スイッチにいくつかのコマンドを投入するだけです。

また、部署ごとにネットワークセグメントを分けることになるので、部署同士の通信はルータを介することになり[注1]、セキュリティが向上します。さらに、ブロードキャストも部署ごとに限定されるので、ネットワークの帯域幅の消費を抑制するいう面においてもメリットがあります。

まとめると、VLANの利点としては次の3つが挙げられます。

注1） p.118の「VLAN越え通信」のところで解説します。

- ネットワークの構成を容易に変更できる

- 組織に合わせてネットワークを分割することで、セキュリティを強化できる

- ブロードキャストによるネットワークの帯域幅の消費を抑制できる

なお、本書で取り上げるVLANは、スイッチのポートとVLANを対応させたポートVLANです。ポートVLANでは、それぞれのポートをどのVLANに所属させるかを固定的に設定していきます。このことから、ポートVLANはスタティックVLANとも呼ばれます。

⇒ ここまでの図にあるとおり、VLANとポートは1対1である必要はありません。1つのVLANを複数のポートに割り当てることができます。

参考 ....

　一方、スイッチのポートに接続したユーザーの情報を見て、ポートが所属するVLANを動的に変更するダイナミックVLANと呼ばれるものもあります。ダイナミックVLANは、ホスト（PC）がネットワークに接続する際に、ポートごとにユーザー認証を行い、RADIUSサーバからそのユーザーのVLAN情報を入手して、ユーザーごとにポートのVLANをダイナミックに変更します。昨今の企業ネットワークでは、ユーザーごとにアクセスできるVLANを制限するといったセキュリティ対策としても導入が進んでいます。

トランクリンクで1本のケーブルに 複数のVLANフレームを流す

　p.112のケーススタディにおいて、解決方法を難なく話してきましたが、実は大事なカラクリがありました。

　ケーススタディの解説の中では、話を混乱させないために、階をまたぐ1本のケーブルに複数のVLANフレームを流す、トランクリンクという機能を

使ったという前提で話をしていました。ここでは、実際にVLANを構成する際に使用するトランクリンクについて解説します。

もしトランクリンクがなかったら？

　複数のスイッチにまたがってVLANを構成する場合、スイッチ同士の接続にちょっとした問題が出てきます。たとえば、次の図のように同じ部署が異なる階にまたがって存在しているケースを考えてみましょう。総務部の端末Aと端末C、経理部の端末Bと端末Dは、それぞれ同じVLANに所属しているものとします。このとき、1階のスイッチと3階のスイッチをどのように接続すればよいでしょうか？

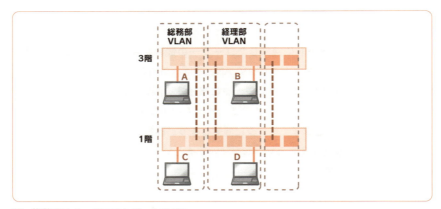

図　複数のスイッチにまたがったVLAN
単純に考えれば、1つのVLANにつき1本のケーブルで接続しなくてはならない。

　単純に考えれば、図の点線のように1つのVLANにつき1本のケーブルで結ぶ方法が考えられます。しかし、これではVLANが増えるたびに階をまたがるケーブルを増やさなければならず、工事の手間や費用、消費するポートの数を考えると非常に不経済です。

トランクリンクの仕組み

トランクリンクとは、複数のVLANのトラフィックを転送するための**スイッチ間接続専用リンク**のことで、先ほどの例にあった1階と3階のVLANをケーブル1本で接続できるようにします。

次の図は前述のスイッチ構成にトランクリンクを利用した例です。1階のスイッチの右端のポートと3階のスイッチの右端のポートに設定を投入することで、ポートを結ぶケーブルがトランクリンクとなります。この1本のトランクリンクによって、1階と3階のスイッチにある各VLANが結ばれます。

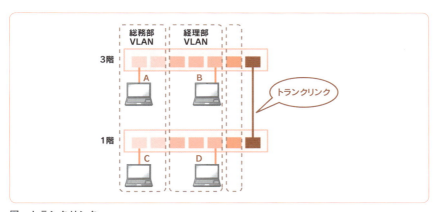

図　トランクリンク
1本のトランクリンクによって、1階と3階にあるVLANを束ねて通信ができる。

トランクリンクでは、1つのリンクに複数のVLANのフレームが流れるため、各フレームがどのVLANから送られてきたものなのかを何らかの方法で識別しなければなりません（そうでないと、相手のスイッチのどのポートにフレームを転送すればよいかわからないからです）。そのため、トランクリンクを流れるフレームには、そのフレームの所属先VLANを識別するための情報が付加されます。これが**タグ**です。

このVLAN識別情報を付加するための方法には、**ISL**（Inter-Switch Link）

とIEEE802.1Qという2種類の規格が存在します。どちらの方法もトランクリンクにフレームを流す際に各フレームに識別情報を付加し、フレームがトランクリンクから出るときにその識別情報を取り除きます。

p.112のケーススタディで説明した解決方法では、上記のような技術が裏では働いていたということをご理解ください。

注意点 ·····

トランクリンクを張る2台のスイッチで、ISLかIEEE802.1Qかは同じものにする必要があります。現在は標準規格であるIEEE802.1Qが主流となっています。現場でスイッチを提案する際は、IEEE802.1Qに対応したスイッチで構成することを心がけましょう。

IEEE802.1Qは業界標準プロトコルなので安心です。一方、ISLはシスコシステムズ独自の規格です。ベンダー独自のプロトコルは、後継機が出た際に突然未対応になったりするので一抹の不安が残ります。

VLAN越え通信

トランクリンクの項では、複数のスイッチにまたがってVLANを構成する場合の問題について解説しましたが、VLANにはこのほかにも解決しなければならない問題があります。それは、**異なるVLANのホスト同士の通信**です。

次ページの図の構成で、同じVLANに所属する端末A−端末C、端末B−端末Dはそれぞれトランクリンクを通じて通信可能です。しかし、異なるVLAN間の端末A−端末B、端末C−端末D、端末A−端末D、端末B−端末Cは、この構成のままでは通信ができません。これはVLANによってブロードキャストドメインが分割されているためです。

所属先VLANの異なるホスト同士が通信するためには、ルーティング機能を持つ装置が必要です。つまり、ルータやレイヤ3スイッチが必要となります。
➡ レイヤ3スイッチについては次節で、ルータについては第5章で解説します。

118

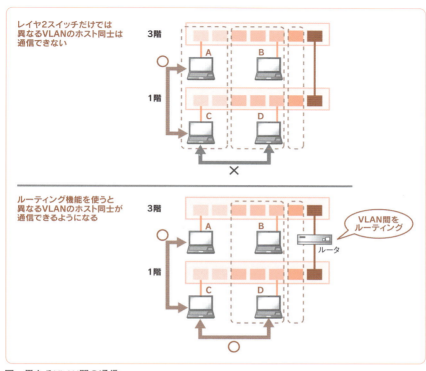

図　異なるVLAN間の通信
レイヤ2スイッチだけではVLAN越えができない（上）が、ルーティング機能を使えばVLAN越えができる（下）。

まとめ

この節では、次のようなことを学びました。

● VLANとは、1つの物理的なネットワークを複数の論理的なネットワークに分割する技術です。
● VLANの利点としては、次の3つが挙げられます。

・ネットワークの構成を容易に変更できる

・組織に合わせてネットワークを分割することで、セキュリティを強化できる

・ブロードキャストによるネットワークの帯域幅の消費を抑制できる

● VLANの種類には、スイッチのポートとVLANを対応させたポートVLAN（スタティックVLAN）や、スイッチのポートに接続したホストの情報を見て所属するVLANを動的に変更するダイナミックVLANがあります。

● トランクリンクを使ってイーサネットフレームにタグを付けることで、1本のケーブルに複数のVLANフレームを束ねて通信させることができます。

● トランクリンクのVLAN識別情報（タグ）を付加するための方法には、ISL（Inter-Switch Link）とIEEE802.1Qという2種類の規格が存在します。ただし、現在はIEEE802.1Qが主流です。

● 所属先VLANの異なるホスト同士が通信するためには、ルータやレイヤ3スイッチでルーティングする必要があります。

CHAPTER 4

5 いろいろある スイッチの種類

この節では、レイヤ2以外のスイッチについて学びます。

ここまでは、最も代表的なLANスイッチであるレイヤ2スイッチについて解説してきました。スイッチにはレイヤ2以外の階層を制御できるものもあり、OSI基本参照モデル7階層のどのレベルを扱うかによって、レイヤ3スイッチ、レイヤ4-7スイッチと呼ばれます。

ここからは、レイヤ2以外のスイッチについて解説していきます。

IPの概念が入るレイヤ3スイッチ

中規模拠点ネットワーク構成図 (VLAN構成図) を見てください。

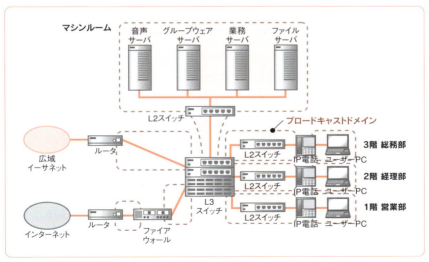

図　中規模拠点ネットワーク構成

マシンルームにサーバ群専用のネットワークが設けられています。つまり、ユーザーの各フロアとマシンルームにあるサーバ群とは、VLANよってブロードキャストドメインが分かれています。

もし、このネットワークがレイヤ2スイッチだけで構成されていたら、総務部や経理部の人たちはサーバとの通信ができません。ネットワークが分かれているからです。

サーバと通信をするためには、**VLAN越え通信**ができなくてはなりません。つまり、**ルーティング機能**を持つレイヤ3スイッチが必要なのです。VLAN越え通信は、レイヤ3スイッチにとっての最大の役割といってもよいでしょう。

なお、レイヤ3スイッチがなくてもルータがあれば、VLAN越え通信は可能です。しかし、中規模拠点ネットワークともなると、ルータはWAN向けのトラフィック（通信）をさばくだけでも大変な処理を必要とします。WAN向けのトラフィックに加えてLAN内のトラフィックの処理までさせるのは、装置への負荷を考えてもふさわしくありません。

今日では、ブロードバンド化が進んだ結果、サーバをデータセンターへ集約化する傾向にあり、企業のWAN向けのトラフィックもますます増加しています。LANとWANの振り分け作業はレイヤ3スイッチに行わせ、ルータはWAN接続専用とするのが現在の主流ですし、ネットワーク管理者としてもそうすべきです。

⇨ **なお、ルータについては第5章で詳しく解説します。**

前ページの図の構成では、各フロアにあるスイッチを集約するレイヤ3スイッチがあり、それが各フロアから来るパケットを橋渡しする役割を担います。

つづいて、レイヤ3スイッチの内部構造とその特徴について解説していきます。

レイヤ3スイッチの構造

レイヤ3スイッチは、従来のレイヤ2スイッチにルータの機能を持たせたスイッチです。複数のVLANに対してIPアドレスを割り当て、ルーティングをすることができます。また、専用チップ（ASIC）でハードウェア処理が行われるため、従来のルータよりも高速なパケット転送ができます。

簡単な公式で表すと、次のようになります。

　　　レイヤ2スイッチ ＋ ルータ ＝ レイヤ3スイッチ

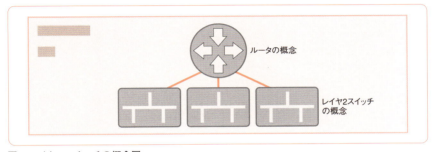

図　レイヤ3スイッチの概念図
レイヤ3スイッチは、レイヤ2スイッチと従来のルータの概念を合わせたものといえる。

レイヤ3スイッチの特徴

レイヤ3スイッチの特徴について、ポイントをまとめましょう。

- VLAN越え通信ができる
- IPパケットの転送をハードウェア処理する[注2]

一番の特徴は、**VLAN越え通信ができる**ということです。レイヤ3スイッチは、レイヤ2スイッチの機能をより拡大したものです。VLAN機能を使ってブロードキャストドメインを分割しつつ、IP機能を使ったルーティングも行

注2）IPパケットのルーティングやIP以外のプロトコルの転送までをハードウェア処理しているレイヤ3スイッチはあまりありません。

うという役割を担います。

　スイッチが保有する複数のポートをグループ化し、論理インタフェースとしてIPアドレスを割り振ることもできます。たとえば、「スイッチのポート番号1〜10までは、IPアドレス172.16.10.10を保有するVLAN10に所属させる」といったこともできます。従来型のルータでは、1つの物理インタフェース（ポート）に対して1つのIPアドレスです[注3]。

➡ 上の例のVLAN10というのは、複数のVLANを区別するために管理者が自分で設定した番号です。

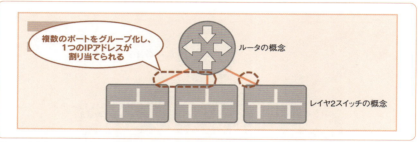

図　レイヤ3スイッチでは論理インタフェースにIPアドレスが割り当てられる

ネットワークの負荷を分散するロードバランサ（レイヤ4-7スイッチ）

　ネットワーク層レベルのネットワークはすでに導入済み、という企業は多いでしょう。具体的には、レイヤ2、レイヤ3スイッチを主体としたネットワークは構築済みということです。

　レイヤ2、レイヤ3スイッチは、今では性能面や信頼性において確立したものになりました。しかし、せっかく高価なネットワーク機器を導入しても、たかだかネットワーク層レベルまでのIPインフラを強化したにすぎません。実際にユーザーが使うアプリケーションレベル、つまり、レイヤ4以上の強

注3）最近のルータでは多数のポートを備えたものも一般的になり、複数のインタフェースをまとめて1つのIPアドレスを割り振ることもできるようになりました。

化になっていないのです。

たとえば、ユーザーから、

「最近Webサーバからのレスポンスが悪くなった」

という申告があったとします。

この場合、問題の切り口としては次の2つがあります。

- ネットワークインフラ全体に起因する問題なのか
- Webサーバそのものの問題なのか

それぞれの内容について見ていきましょう。

ネットワークインフラ全体に起因する問題なのか

「ネットワークインフラ全体に起因する問題」とは、レイヤ3以下の問題のことです。つまり、OSIの第1層である物理層から第3層であるネットワーク層のレベルにおける問題です。

たとえば、ネットワーク利用者自体の増加や、ヘビーユーザーの大容量データ送信によるIPネットワーク網の輻輳[注4]が考えられるでしょう。これは、WAN回線の容量が不十分ということです。

かつては、WAN回線の容量が不足しているのはわかっていても、回線料金が高かったため、結局だましだまし低速なWAN回線を使っているという状況がありました。多くのネットワーク管理者が悩まされたことでしょう。

それが現在では、WAN回線も安価に利用できるようになりました。ブロードバンド回線もすっかり浸透しました。また、スイッチやルータも、より安価で高いスペックの機器の確保が簡単になりました。下位レイヤの「ネットワークインフラ全体に起因する問題」は、昨今のネットワーク環境

注4）ネットワークの容量を超える大量のデータが流れ、混雑していることを輻輳といいます。

では少なくなっています。

Webサーバそのものの問題なのか

　今日のネットワーク環境では、誰もがネットワークを利用するようになりました。そのため、ユーザーの使い勝手を優先して、業務アプリケーションのWeb化が進んでいます。結果として、Webサーバの負荷が増大し、レスポンスが悪くなるというケースが多く見受けられます。つまり、「Webサーバそのものの問題」が多くなってきているということです。

　このケースでは、冒頭に話したようにネットワーク層レベルまでのIPインフラの強化では意味がありません。実際にユーザーが使うアプリケーションレベル、つまり、レイヤ4以上の強化が必要なのです。

　具体的な対処方法としては、次の2つが考えられます。

- Webサーバ自体をハイスペックなシステムにリプレースする
- ロードバランシング（負荷分散）の技術を導入する

　つまり、上位レイヤであるレイヤ4〜7の処理にメスを入れるのです。

　しかし、1つ目の対処方法である「Webサーバ自体をハイスペックなシステムにリプレースする」では、ハードウェアからアプリケーションまで新しいシステムへの総入れ替えになり、作業ボリュームからいっても現実的ではありません。このケースでは、2つ目の「ロードバランシング（負荷分散）の技術を導入する」が望ましいでしょう。

　そのための代表的な装置にレイヤ4-7スイッチがあります。現場ではロードバランサ（負荷分散装置）と呼ぶことが多いので、本書ではこちらの名前を使います。

ロードバランサの機能

ロードバランサには、以下の機能があります。

- 負荷分散機能
- ヘルスチェック機能

基本はサーバに対する負荷分散です。ロードバランサは複数台のサーバを代表する仮想的なサーバとなり、ユーザーからのアクセスに対し、適切なサーバにリクエストを振り分けます。

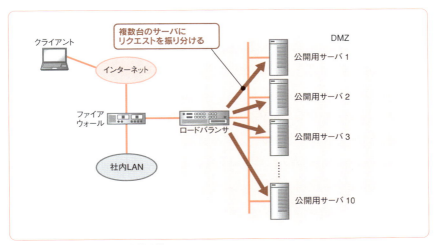

図　ロードバランサによる負荷分散

また、サーバの動作状況を常にチェックし、対象サーバがシステムダウンなどの障害に見舞われた際は、そのサーバへはアクセスしないようトラフィックの転送を停止し、影響を軽減する機能（ヘルスチェック機能）を備えたものもあります。

さらに、ロードバランサには以下の機能もあります。

- セッション維持機能

　読者の皆さんはインターネットでオンラインショッピングを経験したことがあるかと思います。一般的な商品購入までの流れを確認しましょう。

一般的な商品購入までの流れ

　①Webサイトへログイン

　②商品の選択

　③決済の方法を選択

　④最終確認

　この一連の流れの中で、各操作のたびに異なるサーバに振り分けられてしまったとしたら、ログイン情報がサーバ間で引き継がれないなど問題が生じます。

　ユーザーの最初の接続を振り分けられたWebサーバには、以後すべての接続を同じサーバに振り分けるようにする必要があります。こうすることによりセッション（一連の通信）の維持ができます。

　このセッションを維持するために、

- 発信元のIPアドレス

- Cookie情報（ロードバランサおよびサーバが設定したもの）

- URL内に埋め込まれたセッションID

- HTTPヘッダ

の情報を使って、以降の接続を同一サーバへ振り分けます。

参考 ....

　レイヤ4-7スイッチの中には、基本のロードバランシング（負荷分散）機能に加え、アプリケーションのパフォーマンス向上機能やリモートアクセス機能を有するものもあります。

　具体的にはWebアプリケーションのデータ（暗号化の有無を問わず）に対してリアルタイムで圧縮を行ったり、TCPプロトコルの最適化を行うなどにより、ネットワーク全体におけるデータのやり取りのスピードを大きく改善できます。また、ユーザーの認証機能とアクセス制御機能によって、より安全なリモートアクセスを実現しています。

まとめ

　この節では、次のようなことを学びました。

● スイッチには、OSI基本参照モデル7階層のどのレベルを扱うかによって、レイヤ2スイッチ、レイヤ3スイッチ、レイヤ4-7スイッチという種類があります。

● レイヤ3スイッチは、レイヤ2スイッチにルータの機能を持たせたものです。

● レイヤ3スイッチの特徴は次のものです。

　・VLAN越え通信ができる

　・IPパケットの転送をハードウェア処理する

● 「Webサーバのレスポンスが悪い」といったアプリケーションレベルの問題には、2つの切り口があります。

　・ネットワークインフラ全体に起因する問題なのか

　・Webサーバ（アプリケーション）そのものの問題なのか

● レイヤ4以上のアプリケーションレベルの強化に使われるのがレイヤ4-7スイッチです。

CHAPTER 4

6 冗長化でネットワークの信頼性を高める

この節では、スイッチの冗長化について学びます。

　中・大規模拠点のLANでは、ユーザーへの影響度を考えると、ネットワークの信頼性を高めることが最重要課題です。ネットワークを使うユーザー数が小規模拠点と比べて格段に多いからです。特にサービスを停止できない場合には、必ずネットワークの信頼性を考慮した構成とします。

　他方、小規模拠点のLANでは、コスト面が重要視されることが一般的です。ネットワークを使うユーザー数が少なく、影響範囲もさほど大きくないからです。

　ここでは、中・大規模拠点の信頼性に焦点を当てて解説していきます。中・大規模拠点の信頼性を高めるには、ネットワークの冗長化を行います。ここでいうネットワークの冗長化とは、障害発生時に備えて予備の回線や装置本体を配した構成のことです。

　まずは、以前の冗長化の運用方法から学んでいきます。それを通して冗長化という概念を習得し、シングル構成のリスクをつかんだ後に、現在の冗長化の主流を紹介する流れで解説していきます。

スイッチ本体の冗長化

　スイッチ本体の冗長化とは、通常運用で使っているスイッチのほかに、予備のスイッチも備えておく運用方法です（次ページの構成図の①）。また、各フロアスイッチへの構内LAN配線も、それぞれのスイッチから敷設されます（構成図の②）。

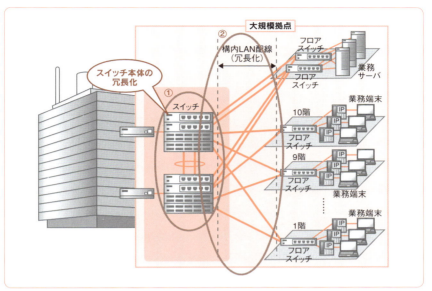

図　スイッチ本体の冗長化（構成図）

　それでは、スイッチ本体の冗長化構成で実際に障害が発生した場合を見ていきましょう。

スイッチ本体に障害が発生した場合

　まずはスイッチ本体に障害が発生した場合です。

　この構成であれば、万が一スイッチ本体に障害が発生したとしても、予備のスイッチに自動的に切り替わります。ユーザーはバックアップルートを通じて迂回路で通信をすることになります。運用に支障をきたすことなく、継続的な通信が実現できます。

　信頼性を重要課題とした場合の理想的な構成です。ただし、導入機器も増えますし、運用も煩雑化するのがデメリットです。

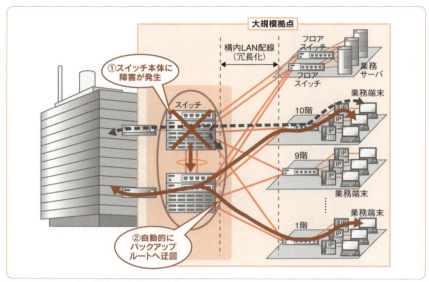

図　スイッチ本体に障害が発生した場合

スイッチのポートやLAN配線に障害が発生した場合

　今度は、スイッチのポート（次ページの構成図の①）やLAN配線に障害（構成図の②）が発生するとどうなるでしょうか？

　この構成であれば、万が一スイッチのポートやLAN配線に障害が発生したとしても、予備の通信ルートに自動的に切り替わります。ユーザーは、先ほど解説した「スイッチ本体に障害が発生した場合」と同様、バックアップルートを通じて迂回路で通信ができます。運用に支障をきたすことなく、継続的な通信が実現できます。

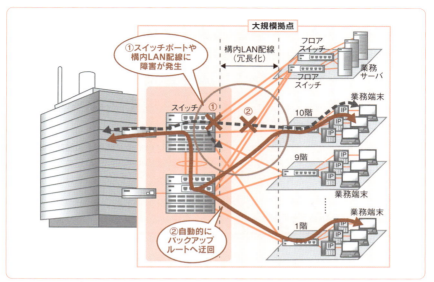

図 スイッチのポートやLAN配線に障害が発生した場合

冗長化を実現する技術

ここまで見てきたような動作を実現するための技術が、スパニングツリープロトコル (STP：Spanning Tree Protocol) です。

スパニングツリープロトコルは、スイッチ本体またはスイッチ間のリンクの障害に対する冗長化手法としてIEEE802.1Dで標準化されています。

スパニングツリープロトコルは冗長経路によるループを見つけ出し、ループ状にならないよう特定のポートをブロックし（フレームを転送させないようにして）、ツリー状のネットワークを形成します。ここまででスパニングツリーの完成です。

その後、スイッチ同士はBPDU (Bridge Protocol Data Unit) と呼ばれる制御情報をやり取りし、ネットワークが正常に動作しているかを監視します。障害を検出した場合はスパニングツリーを再形成し、新たな通信経路が確立されます。

もしもスパニングツリープロトコルを動作させなかったらどうなるでしょうか？　単純にネットワーク機器や迂回路を確保しても、ネットワークがループ状になり、データがぐるぐる回ってしまいます。ループが発生すると、このフレームのやり取りだけでネットワーク上の帯域が消費され、そのほかの通信に影響が出てしまいます。そのような状態を避けるためにスパニングツリープロトコルが必要となるのです。

⇒ なお、後述するように、スパニングツリープロトコルにはいくつか運用上の課題があり、今では使われなくなっています。ただし、長らく冗長化手法の主流であったことから、ここで解説したような概要を知っておくと現場で役立つこともあるでしょう。

スイッチのシングル構成

　スイッチのシングル構成は、冗長化と比較してコスト面で優位性があります。しかし、信頼性において劣ります。

　スイッチのシングル構成は、スイッチの本体（次ページの構成図の①）やポート（構成図の②）、収容するLAN配線（構成図の③）のいずれかに障害が発生すると、外部（WAN向け）およびフロア間通信ができなくなります。通信ができるのはフロアスイッチの範囲（構成図の④）に限られます。つまり、同一フロアのユーザー同士の通信です。

　この構成を採用するかどうかは、ネットワーク障害に対するリスクをどこまで許容できるかによります。

　確かにコスト面の問題はありますが、今日のネットワークへの依存度を思えば、信頼性の高いネットワーク構成である冗長化構成を理想として検討するべきでしょう。

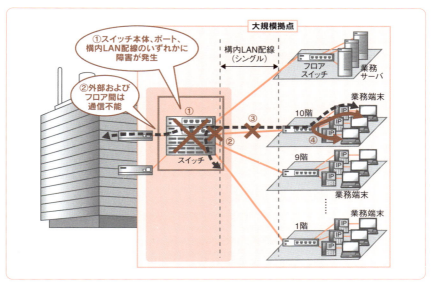

図　スイッチのシングル構成

スパニングツリープロトコルを使わない冗長化手法が主流に

　p.133では冗長化構成で生じるループを防ぐ技術としてスパニングツリープロトコルを紹介しました。しかし今では、特に大規模ネットワークにおいてスパニングツリープロトコルの課題が顕在化し、スパニングツリープロトコルは使われなくなっています。課題は次の2つです。

- 帯域の半分が無駄になる
- 設計や運用が複雑で手間がかかる

　1つ目の課題は、スパニングツリープロトコルでブロックされたポートはデータ転送に使えないため、正常時の帯域に無駄があることです。2つ目は、スパニングツリープロトコルでは障害時の経路切り替えは自動で行われます

が、それを見越してあらかじめネットワーク全体を考慮した設定を管理者が施さなくてはならないことです。ネットワークが大規模になればなるほど設定は複雑化し、高度な設計のノウハウを持った人でなくては管理者が務まらなくなっています。

　こうした課題を解決するために登場したのが、「スタック接続＋リンクアグリゲーション」です。**スタック接続**とは、複数台のスイッチを論理的に1台の装置として扱う機能のことです。この機能により、冗長化しているスイッチのどちらもアクティブ状態として運用することができ、コンフィグレーションも自動的に同期が取れます。

　リンクアグリゲーションは、複数の回線を束ねて1つのリンク（帯域）にする手法のことです。この技術を使うことで、冗長化を図りつつ、上位スイッチをつなぐ複数の回線の帯域を無駄なく利用できます（次の構成図の①）。また、配下のスイッチからはあたかも1台のスイッチのように見えるため（構成図の②）設計がシンプルになり、万が一の障害発生時も原因の特定が容易で、ネットワークの運用に手間がかかりません。

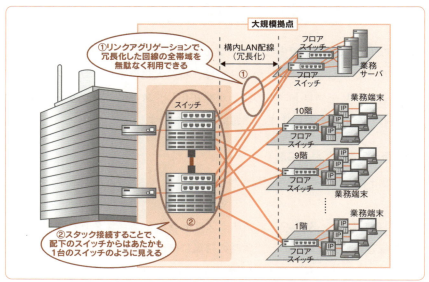

図　「スタック接続＋リンクアグリゲーション」を利用した冗長化

まとめ

この節では、次のようなことを学びました。

- 中・大規模拠点のLANでは、ネットワークの信頼性を高めることが最重要課題です。そのため、スイッチ本体および各フロアスイッチへの構内LAN配線を冗長化して障害に備えます。

- 現在の企業ネットワークでは、「スタック接続＋リンクアグリゲーション」の冗長化技術が主流となっています。

CHAPTER

5

ルータ超入門

WANとLANの境界線に位置し、ネットワーク同士を接続する役割を担うのがルータです。初心者にとっては複雑な装置というイメージがあるかもしれませんが、その動作原理そのものは単純です。まずは基本的なところから押さえていきましょう。本章ではルーティング、ルータの種類、ルーティング以外の機能について学びます。

CHAPTER 5

1 ネットワーク全体における ルータの位置付け

この節では、各拠点ネットワークにおけるルータの役割について学びます。

　これまでWANとLANについて学んできました。ここからは、WANとLANの境界線に位置するネットワーク機器であるルータについて学びましょう。
　ルータは、とても奥が深いネットワーク機器です。そのうえ、どういった内部処理を行っているのか実際の目では見えないから、なおさら難しいのです。そこで理論的な内容の前に、まずは目に見えやすい、ネットワーク全体におけるルータの位置付けを押さえるところから始めましょう。
　ネットワーク全体構成図をご覧ください。

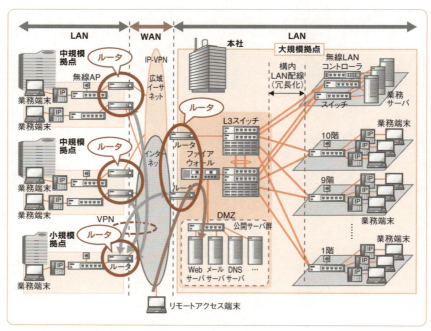

図　ネットワーク全体構成

物理的な観点で見ると、ルータは各拠点のネットワーク（つまり各拠点のLAN）をつなぐ役目を果たしています。WANとLANの境界線に位置するネットワーク機器なのです。ただし、ネットワークの規模によって、ルータが扱う機能やルータの種類が変わってきます。そのあたりを含めて解説していきます。

小規模拠点でのルータは一番重要な機器

　小規模拠点におけるルータは、拠点内のネットワーク機器の中でも一番重要な機器として扱われます。それは、小規模拠点においては、中・大規模拠点とのデータのやり取りが大半になるからです。つまり、WANとLANの境界線に位置するルータは、ネットワークにおける生命線なのです。

　小規模拠点のネットワーク構成図をご覧ください。

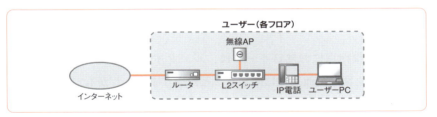

図　小規模拠点ネットワーク構成

　通常、小規模拠点では、コストパフォーマンスから考えてルータの冗長化を行いません。そのため、ルータに何らかの障害が生じたら、その拠点のユーザーはほかの拠点との通信ができなくなります。

小規模拠点におけるルータは「なんでも屋さん」

　小規模拠点におけるルータは、「なんでも屋さん」でなければなりません。ルータのスペックは、「広く浅い」ものになります。

小規模拠点におけるルータは、さまざまな役割を担います。中規模や大規模拠点では専用ネットワーク機器として扱うファイアウォールやVPN機能を、小規模拠点では1台のルータが担うケースが多いからです。

　ルータの本来の仕事は、異なるネットワーク間の橋渡しです。p.140のネットワーク全体構成図でいうと、自社ビル内、つまりLAN上で生成されたユーザーデータを他拠点へ橋渡しします。しかし、小規模拠点におけるルータは、対向先のルータとの仮想ネットワーク（VPN）の接続を確立したり、外部からの不正パケットに対する防波堤になったりと、セキュリティ機能も果たさなければなりません。これらの機能について、ハイスペックとはいかないまでも対応している必要があります。

⇨ この章では、ルータの本来の機能であるルーティングについて解説します。セキュリティの
　機能については、第6章で具体的に解説します。

中・大規模拠点でのルータは ネットワーク間の橋渡し役に徹する

　中・大規模拠点におけるルータは、ルータ本来の仕事である、異なるネットワーク間の橋渡し役に徹することになります。しかも、外部向けに特化します。ここでいう外部向けとは他拠点向けということです。ここまで専門領域に特化できるのは、レイヤ3スイッチが存在するおかげです。

　次ページの中規模拠点ネットワーク構成図をご覧ください。

　内部的な異なるネットワーク間の橋渡し役は、レイヤ3スイッチが務めてくれます。ここでいう内部的とは拠点内のネットワークのことです。これにより、小規模拠点用のルータのように、異なるネットワークのパケットをすべてルータが処理する必要がなくなります。拠点内の橋渡しはルータの手前のレイヤ3スイッチが行ってくれるからです。

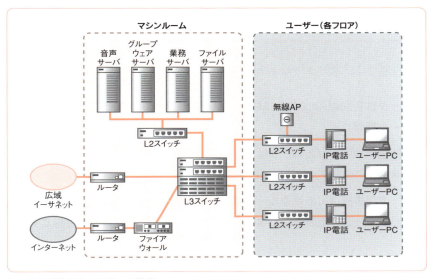

図　中規模拠点ネットワーク構成
中・大規模拠点におけるルータは、異なるネットワーク間の橋渡し役に徹する。しかも、外部向けに特化する。

担当する役割は減ったが重みは増す

　中・大規模拠点におけるルータは、小規模拠点のルータに比べて担当する役割は少なくなりますが、仕事の重みが増します。ネットワークを利用するユーザーも多くなり、障害時のネットワークへの影響が大きくなるからです。

　中・大規模拠点におけるルータは、「信頼性があり、より専門的」でなければなりません。ルータのスペックは、「狭く深い」ものです。より高速なパケットの転送処理が最大のミッションとして与えられます。たとえば会社の組織でも、大企業になれば専門の部署が存在するのと同じです。

まとめ

この節では、次のようなことを学びました。

● ルータは各拠点のLANをつなぐ、WANとLANの境界線に位置するネットワーク機器です。

● 小規模拠点におけるルータは、データの橋渡しからセキュリティ機能まで、さまざまな役割を1台で担います。

● 中・大規模拠点におけるルータは、外部とのデータの橋渡しに特化します。ネットワークを止めることなく高速にパケットを転送するのが役割です。

CHAPTER 5

2 ルータの役割と基本原理

この節では、ルータの本来の機能であるルーティングについて学びます。

ルータはネットワーク層に該当する機器

　ルータはOSI基本参照モデルで見ると、第3層のネットワーク層に該当します。

　ブリッジやスイッチが第2層のデータリンク層に位置付けられ、物理アドレスであるMACアドレスをベースに処理をするのに対し、ルータはネットワーク層の論理アドレスであるIPアドレスをベースにルーティング処理を行います。

　ここからは、ルーティング処理について詳しく学んでいきましょう。

ルーティング

　ここまで、「ルータは異なるネットワーク間の橋渡し役」と言ってきましたが、厳密には単純に橋渡しをするだけではありません。適切な宛先ネットワークへ振り分けをする役目も果たします。このことをルーティングといいます。

　ルータは、自身が持つルーティングテーブル上の情報に基づいてパケットをルーティングします。ルーティングのための一種のデータベースを持っていると考えてください。

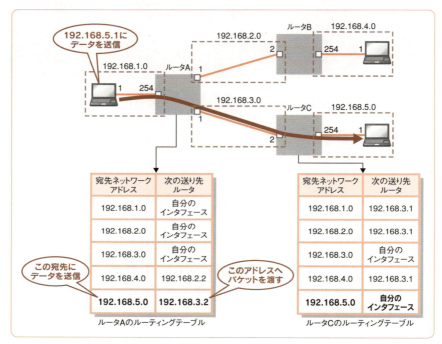

図　ルーティング

　ルーティングテーブル内には、宛先のルートを振り分けるための情報として、次のような情報が保有されています。

- 宛先のネットワークアドレス

- 宛先のネットワークに向けてパケットを出力すべき自分のインタフェース[注1]

- 宛先のネットワークにパケットを送るにあたっての、次のルータのアドレス

- 宛先への最適なルートを選択するための値

注1）インタフェースとはネットワークと装置の境界面です。ルータの場合はポートと考えて差し支えありません。

そしてルータは、受け取ったパケットのヘッダ注2に含まれる宛先ネットワークアドレスと、ルータ自身のルーティングテーブル内の情報とを照らし合わせて、宛先ネットワークにパケットを確実に到達させるためには自分が保有するどのインタフェースからパケットを出力すればよいかを判断します。

万が一、自分のルーティングテーブル内に一致するルーティング情報がない場合には、ルータはパケットを破棄します。どのインタフェースから出力すればよいのか判断できないからです。これがルータの基本原理です。

つまり、パケットが異なるネットワークをまたいで宛先ネットワークに確実に到達するためには、ルータのルーティングテーブル上に宛先のルーティング情報が存在していなくてはなりません。これがルーティングの大前提です。

さて、ルーティングテーブルについて説明してきましたが、ネットワークに導入したばかりのルータはまっさらな状態です。ルータに働いてもらうためには管理者は何をしなくてはなりませんか？

「ルータのルーティングテーブルに情報を学習させる必要がありますね」

具体的には2つの方式があります。

- 手動学習方式
- 自動学習方式

これらをルータ用語でいうと、以下の2方式です。

- スタティックルーティング（静的）方式
- ダイナミックルーティング（動的）方式

注2）ヘッダとは、通信データの先頭に付加される、各種制御情報が書き込まれる領域です。

ネットワーク管理者が設定する
スタティックルーティング方式

ネットワーク管理者がコンソール端末を介して、ルータのルーティングテーブルにルーティング情報を一つひとつ登録していく方法です。

図　コンソール画面からルートを登録

ネットワーク管理者が思いどおりにパケットのルートを決めることができます。また、次に説明するダイナミックルーティング方式と比較して、ルータやネットワーク自体に負荷がかからないというメリットもあります。

一方で、運用後のメンテナンスの手間がかかります。1台のルータを追加するために、ほかのルータでも変更作業を行わなくてはなりません。さらに、ネットワークが拡大すると、ルート情報の管理、つまりルーティング情報の管理が煩雑になります。

以上のことから、この手法は小規模なネットワークに適しています。

ルータが自動的に学習する
ダイナミックルーティング方式

　もう1つの方法は、ルーティング情報をほかのルータから自動的に取得する方法です。それにはルーティングプロトコルという、ルーティング情報をルータ間で交換するための専用プロトコルを使用します。

　ルータ同士が自動的にルーティング情報を交換し合うので、トラブル発生時にも、ルーティング情報の切り替えなどを自動的に行います。たとえば、迂回ルートへの自動的なルートの切り替えです。

　特に大規模ネットワークではルーティング情報が膨大な量になりますので、ルーティングプロトコルによる動的なルーティング情報の交換は必須です。

　しかし、スタティックルーティングと違い、ルータやネットワーク自体に負荷がかかるということは頭の片隅に入れておいてください。ルータ同士が定期的にルーティング情報を交換するため、その分、ネットワークにデータが流れることになり、ルータがその情報を処理しなくてはならないからです。

　代表的なルーティングプロトコルには、RIP（Routing Information Protocol）やOSPF（Open Shortest Path First）などがあります。また、BGP4（Border Gateway Protocol version 4）もダイナミックルーティングプロトコルの1つに挙げられます。

　本書では、ダイナミックルーティングプロトコルの基礎を押さえていただくために、RIPを中心に解説していきます。RIPはルーティングプロトコルの元祖ともいえるもので、OSPFやBGP4を理解するうえでも基本となるからです。

ルーティングプロトコル

それでは、ルーティングプロトコルの基本的な考え方について学びましょう。

ルーティング情報を学習する手順

ダイナミックルーティングがルーティング情報を学習する手順（アルゴリズム）には、大きく分けて次の3つがあります。

- ディスタンスベクターアルゴリズム
- リンクステートアルゴリズム
- パスベクターアルゴリズム

本書では、ダイナミックルーティングのアルゴリズムの基礎をよりよく理解してもらうため、ディスタンスベクターアルゴリズムとリンクステートアルゴリズムの2つに絞って解説していきます。

⇒ なお、パスベクターアルゴリズムを利用するプロトコルとしては、大規模ネットワークである通信キャリア事業者向けネットワーク内で使われているBGP4が有名です。

おとなり同士でルーティング情報を学習する ディスタンスベクターアルゴリズム

まずは、単純なディスタンスベクターアルゴリズムから説明します。このアルゴリズムは、「私のルーティングテーブルの状況をお知らせします」という情報を、隣接するルータへ一方的に流すというものです。

隣接ルータ同士でルーティング情報を交換することで、ルーティングテーブルを作成していきます。その様子を図に示します。

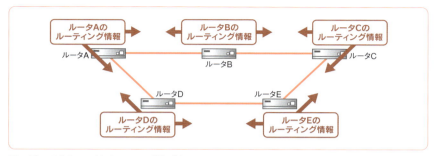

図　ディスタンスベクターアルゴリズム

　ディスタンスベクターアルゴリズムの代表的なプロトコルに**RIP**があります。動作原理について学んでいきましょう。

　たとえば、ある目的地へ行くバスにルートAとルートBという2つのルートがあったとします。ルートAの場合は、目的地までのバスの停留所は3つです。他方、ルートBでは4つです。

　現地までの到着時間や道路などの交通情報はありません。今ある情報は「バスが目的地までに止まるバス停の数」それだけです。つまり、その情報だけで判断をしなくてはなりません。

　読者の皆さんはどちらのバスに乗車しますか？

普通に考えれば「ルートAを通るバス」ですね。

　「バスが止まるバス停の数が多ければ、目的地に到着するのに時間がかかるだろうから、数の少ないほうを選択しよう」という考え方です。

　RIPの仕組みはこの考え方と同じです。RIPの用語では、ルータを1つ越えることを**1ホップ**といいます。RIPではこのホップ数の少ないルートを最短だと判断して、パケットを中継します。とても単純です。

　たとえば次ページの図の構成で、PC-AからPC-Bへデータを送る場合を考えてみましょう。ルートAでは3ホップ、ルートBでは4ホップです。RIPで

は、ホップ数の少ないルートAを選択します。先ほどのバスの話と同じ理屈です。

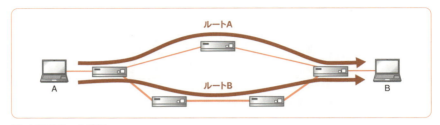

図　RIPのルート選択

なお、RIPの欠点は、パケットを最大15ホップのルータまでしか伝達できないことです。大規模なネットワークには対応することができません。

RIPにおけるルーティングテーブルの学習

では、ディスタンスベクターアルゴリズムにおいて、ルーティングテーブルがどのように学習していくのかを具体的に見てみましょう。

次ページの図は、192.168.1.0というネットワークアドレスの情報が、RIPによってルータCに伝わっていく様子を表しています。

ルータAに直接接続されているネットワークは、192.168.1.0と192.168.2.0です。また、ルータBに直接接続されているネットワークは、192.168.2.0と192.168.3.0です。

ルータAはルータBに対し、192.168.1.0のルーティング情報を送信します。ルータBは192.168.1.0の情報を自分のルーティングテーブルに追加し、更新します。

その後、ルータBはルータCに対し、ルータB自身のルーティング情報を送信します。ルータCでは192.168.1.0と192.168.2.0の情報を受信し、自身のルーティング情報を更新します。

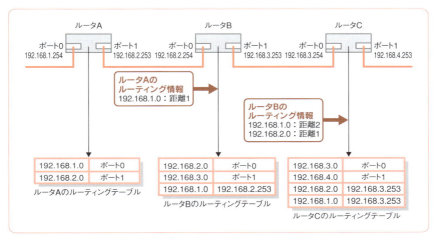

図　RIPにおけるルーティングテーブルの学習

　ここで、192.168.1.0のルーティング情報に着目してください。ルータAがルータBに送信するときは、距離1という情報を付けて送信しています。しかし、ルータBからルータCに送信するときは、距離2という情報を付けて送信しています。これは、ルータAから送られてきた192.168.1.0のルーティング情報にルータBが距離1をプラスして送り出しているからです。ルータCから見ると、192.168.1.0のネットワークにパケットを届けるには、ルータを2台越えなければならないことがわかります。

　このようなやり取りを繰り返すことによって、各ルータにルーティング情報が作られていきます。

　RIPの特徴

- RIPはディスタンスベクターアルゴリズムのプロトコル
- 単純で設定も容易だが、大規模ネットワークには対応できない

リンクステートアルゴリズム

つづいて、ここまでとはまったく違う考え方をする**リンクステートアルゴリズム**について説明します。このアルゴリズムは、ルータ自身が接続しているネットワークについての情報（これをリンク状態という）を、特定の範囲内にあるすべてのルータに通知します。別のルータのリンク状態を受信したルータは、その情報をもとにルートの情報を学習し、ルーティングテーブルを作成していきます。リンクステートアルゴリズムの代表的なルーティングプロトコルに**OSPF**があります。

次の図のように、それぞれのルータが自分の接続しているネットワークについての情報（リンク状態）をネットワーク全体のルータに通知します。なお、図ではルータAだけが情報を送っていますが、それ以外のルータからも同じように情報が送られます。それぞれのルータは、ネットワーク上にあるすべてのルータのリンク状態を受信し、その情報をもとにルートの情報を自動学習し、ルーティングテーブルを作成していきます。

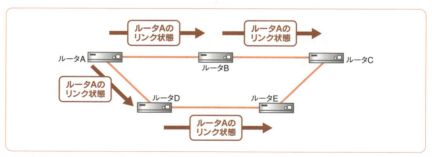

図　リンクステートアルゴリズム
ルータAと同様に、それぞれのルータが自身の情報（リンク状態）をネットワーク全体のルータに通知する。

OSPFがRIPと大きく違うのは、**ネットワークを階層構造化し、サブネットマスクに対応できる**ことです。OSPFは大規模なネットワークに対応できます。

OSPFのルーティング方法

次の図で、OSPFのリンクステートアルゴリズムによるルーティング方法を説明します。

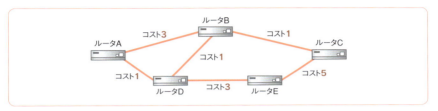

図　OSPFのサンプルネットワーク

各ルータは、ネットワークについての情報をやり取りした結果、次のようなリンク情報データベースを作成します。

			リンク情報データベース		
ルータ	ルータA	ルータB	ルータC	ルータD	ルータE
コスト	ルータB 3	ルータA 3	ルータB 1	ルータA 1	ルータD 3
	ルータD 1	ルータC 1	ルータE 5	ルータB 1	ルータC 5
		ルータD 1		ルータE 3	

図　リンク情報データベース

リンクステートアルゴリズムでは、このリンク情報データベースをもとに、各リンク(ルート)に割り当てられるコストから最適なルートを算出します。「最適なルート」とは、そのリンクのコストが最小値となるルートのことです(回線の速度や遅延時間で計算します)。

先ほどRIPで解説したバスの例と比較すると、「バス停にはたくさん止まったとしても、最終的に早く着くルートBのバスに乗ろう」という考えです。たとえば、上のリンク情報データベースからルータAのルーティング

テーブルを計算した結果は、次のようなツリー構造になります。

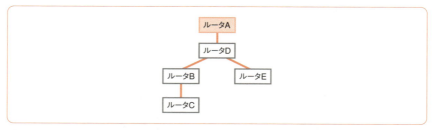

図　ルータAの最適ルートのツリー構造

次の図のようなネットワークでルーティングプロトコルにOSPFを使用した場合、回線の速度が速いルートBが選択されます（RIPの場合は、ホップ数の少ないルートAが選択されます）。

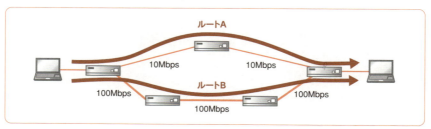

図　OSPFのルート選択

 OSPFの特徴

- OSPFはリンクステートアルゴリズムのプロトコル
- 大規模で複雑化したネットワークにも対応できるが、設定は多少難しい

一致するルーティング情報がないときに送付させるルート

「ルータは、ルーティングテーブル内に一致するルーティング情報がない場合にはパケットを破棄する」ということを前に説明しました。

しかし、一致するルーティング情報がないときにパケットを破棄せず、あらかじめ設定しておいたルートにパケットを送ることもできます。それがデフォルトルートです。

スタティックルーティング環境においては、ネットワークの規模が大きくなると管理が大変だと説明しました。それは、宛先までパケットを中継するルータすべてに対し、スタティックルートの設定が必要だからです。しかし、いちいち全部のルートを登録したのでは大変です。そこで登場したのがデフォルトルートです。

基本的な考え方は、PCの設定にあるデフォルトゲートウェイと同じです。デフォルトゲートウェイは、「自分の所属しているネットワーク以外にデータを送るときは必ずここへ送る」という宛先の設定です。実際には、ネットワークの境界に位置するルータのIPアドレスをデフォルトゲートウェイとして設定します。

デフォルトルートの設定例を次ページの図に示します。この図のルータAで「192.168.1.0」と「192.168.2.0」のネットワークにスタティックルートを設定し、それ以外の宛先ネットワークと通信するためにデフォルトルートを設定します。「それ以外の宛先ネットワーク」との通信には、インターネット向けの通信も含まれます。

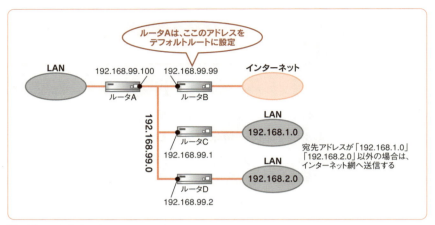

図　デフォルトルート
ルータAは、ルータBの192.168.99.99に対してデフォルトルートを設定。

異なるLAN間の接続

　ルータは、ネットワークを分割する機器ともいえますが、分割したネットワークを接続する役割も担います。ルータによって分割されたネットワークには、それぞれ別のネットワークアドレスが割り当てられます。

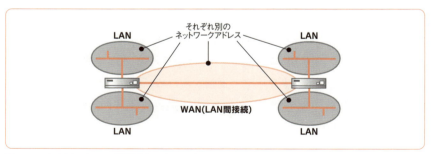

図　ルータを用いたLAN間接続ネットワーク

> **Column** 異なる物理規格のインタフェースを持つネットワークの接続
>
> 以前は、ルータの用途として、異なる物理規格のインタフェースを持つネットワーク同士を相互に接続するというものがありました。たとえば、ルータのイーサネットインタフェースに接続されたネットワークからパケットを受け取り、ルーティング処理をして、トークンリングインタフェースに接続されたネットワークにパケットを送出することもできます。
>
>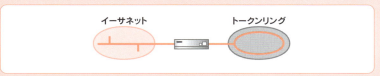
>
> 図　異なる物理規格のインタフェースを持つネットワーク同士を相互に接続

まとめ

この節では、次のようなことを学びました。

- ルータは、OSI基本参照モデルの第3層（ネットワーク層）に該当するネットワーク機器です。
- ルータは、ルーティングテーブル上の情報に基づいてパケットをルーティングします。ルーティングテーブルには次のような情報があります。
    - 宛先のネットワークアドレス
    - 宛先のネットワークに向けてパケットを出力すべき自分のインタフェース
    - 宛先のネットワークにパケットを送るにあたっての、次のルータのアドレス
    - 宛先への最適なルートを選択するための値

● ルーティングテーブルにルーティング情報を学習させるには、2つの方式が
あります。

　・スタティックルーティング（静的）方式

　・ダイナミックルーティング（動的）方式

● スタティックルーティング方式は、ネットワーク管理者がルーティング
テーブルに、ルーティング情報を一つひとつ登録していく方法です。

● ダイナミックルーティング方式は、ルーティング情報をほかのルータから
自動的に取得する方法です。そのためにルーティングプロトコルを使いま
す。

● ルーティングプロトコルの学習の手順（アルゴリズム）には、大きく分けて
次の3つがあります。

　・ディスタンスベクターアルゴリズム

　・リンクステートアルゴリズム

　・パスベクターアルゴリズム

● RIPはディスタンスベクターアルゴリズムのルーティングプロトコルです。

● OSPFはリンクステートアルゴリズムのルーティングプロトコルです。

● デフォルトルートを設定しておけば、ルーティングテーブル内に一致する
ルーティング情報がないときにもパケットを破棄することなく、デフォル
トルートにパケットを送ります。

CHAPTER 5

3 ルータにも種類がある

この節では、ルータの種類とその特徴について学びます。

　ルータにもいくつか種類があります。それは、使われる場面やネットワークの規模によって求められるスペックが違うからです。まずはイメージをつかむために、物理的な観点からルータを見ていきましょう。
　図「ルータの適用分野」をご覧ください。

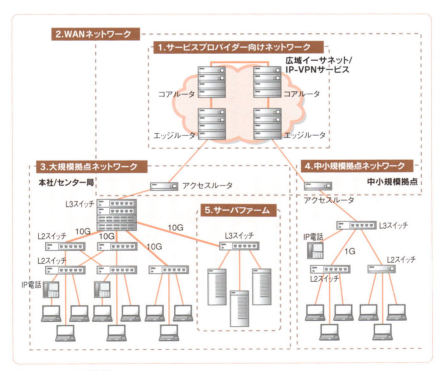

図　ルータの適用分野

ルータが適用される分野を、ここでは5つに分けています。

1）サービスプロバイダー向けネットワーク
2）WANネットワーク
3）大規模拠点ネットワーク
4）中小規模拠点ネットワーク
5）サーバファーム

サービスプロバイダー向けネットワークでは一番ハイスペックなルータを

図「ルータの適用分野」のサービスプロバイダー向けネットワークの部分を見てください。

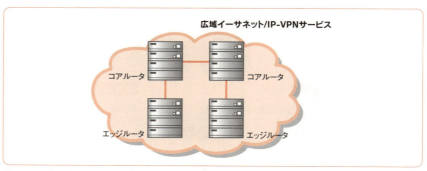

図　サービスプロバイダー向けネットワーク部分

　サービスプロバイダー向けネットワークの代表的な通信サービスとしては、広域イーサネットやIP-VPNがあります。一昔前であれば、フレームリレーやATM回線サービスなどです。通信事業者としては、NTT東西やNTTコミュニケーションズ、KDDI、ソフトバンクなどが有名です。

そこで使われるルータは、コアルータやエッジルータです。コアルータやエッジルータは、広域イーサネット網やIP-VPN網の中に存在します。

コアルータの一番の役割は、エッジルータからのデータを通信事業者網（サービスプロバイダー向けネットワーク）内で中継することです。

エッジルータの役割は、通信事業者網内とお客様の宅内ネットワークとの橋渡しです。

コアルータ、エッジルータは、ともに大量のデータを扱うことと高速な処理が求められます。ルータの中でも一番スペックが高く、大型で価格も一番高額なルータになります。

写真　コアルータ

シスコシステムズ製Cisco Network Convergence System 6000シリーズルータ。
提供：Cisco Systems, Inc.

WANネットワークで使われるルータ

図「ルータの適用分野」のWANネットワークの部分を見てください。その中でもWANのサービスを利用する顧客側に着目してください。

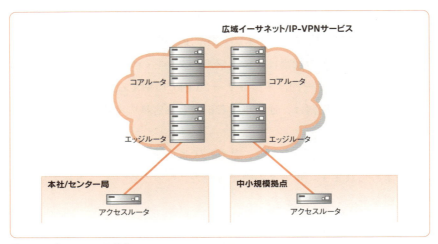

図　WANネットワーク部分
WANルータは、拠点同士（またはLANネットワーク間）をつなぐ役割。

　顧客側で使われるWANルータは、顧客の拠点同士（またはLANネットワーク間）をつなぐための役割を担います。ここで使われるルータのことをアクセスルータといいます。

写真　アクセスルータ
シスコシステムズ製Cisco ASR 9001。提供：Cisco Systems, Inc.

　通信事業者の人たちは、アクセスルータのことをカスタマーエッジルータといいます。通信事業者から見ると、お客様構内のエッジ部分に設置してあるルータが顧客との責任分解点だからです。
　他方、エンタープライズ側、つまり顧客側としては、WANへアクセス回

線を介して接続する部分なのでアクセスルータといいます。本書ではアクセスルータという名前に統一します。

アクセスルータは、小規模拠点ネットワークであれば10万円未満の製品でかまいません。しかし、中規模や大規模になると多くのパケットを高速処理しなくてはならないため、ハイスペックなルータをアクセスルータとして採用します。価格帯は、ネットワークの規模にもよりますが、最低でも100万円以上が相場です。

Column 昔のWAN装置

一昔前のWAN装置といえば、MUX（multiplexer：マルチプレクサ、マックス）です。MUXは、複数のデータ用回線を多重して1本の伝送路で送る方式です。一般に、時分割多重化装置（time division multiplexing、TDM）といいます。これは現在のルータとは比べものにならないぐらい大きな装置であり、導入コストも数千万円以上かかりました。

写真　MUX
シャーシ（筐体）に各カードが実装されている（左）。
MUXは19インチラックに搭載される（右）。

MUXは1990年代のWANにおける主流の装置ですが、費用的な問題があり、大企業や通信事業者でなければシステムを構築することはできませんでした。

　MUXは19インチラックに搭載されます。そのMUXの本体の中に、何枚ものカード（基板カード）が収容されます。その収容されたカードの機能によってデータ伝送がなされます。また、MUXは音声回線も収容できます。

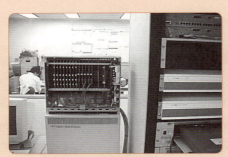

写真　MUXと併設されたPBX

宅内におけるルータはレイヤ3スイッチ

　図「ルータの適用分野」内の**大規模拠点ネットワーク**、**中小規模拠点ネットワーク**、**サーバファーム**においてもルーティングは行われます。すべて**レイヤ3スイッチ**が役割を果たします。

⇨レイヤ3スイッチについては、次節「レイヤ3スイッチとの違い」で解説します。

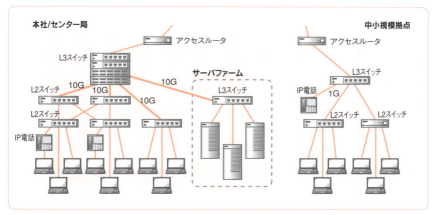

図　大規模拠点ネットワーク、中小規模拠点ネットワーク、サーバファーム部分
サーバファーム（サーバルームに該当）には、拡張スロットタイプのレイヤ3スイッチが最適。

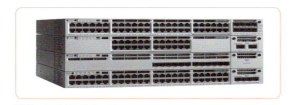

写真　レイヤ3スイッチ
シスコシステムズ製Cisco Catalyst 3850シリーズスイッチ。提供：Cisco Systems, Inc.

そのほかのルータの種類

ルータには、ここまで紹介した以外にもさらにいくつかの種類があります。

複数のプロトコルに対応している マルチプロトコルルータ

　ルータの世界でも、TCP/IPが事実上の標準プロトコルです。ルータはTCP/IPのためのルーティング機能を必ずといってよいほど持っています。しかし、以前のネットワークの世界には、TCP/IP以外のプロトコルもあり

ました。IPX/SPXやAppleTalkなどです。TCP/IP環境にNetWare環境やMacintosh環境が混在しているネットワークでは、IPX/SPXやAppleTalkのプロトコルのためのルーティング機能も必要でした。

　これらの複数のプロトコルに対応したルータのことを、**マルチプロトコルルータ**といいます。マルチプロトコルルータは、値段も10万円程度と高価になります。企業向けルータの位置付けです。

アクセスルータ（小規模拠点ネットワーク向け）

　アクセスルータ（小規模拠点ネットワーク向け）は、主に光回線をアクセス回線に使ったインターネット接続に使われます。価格帯は5～10万円程度です。

写真　小規模拠点ネットワーク向けのアクセスルータ
主に光回線を使ったインターネット接続に使われる。写真はシスコシステムズ製Cisco 890サービス統合型ルータ。提供：Cisco Systems, Inc.

> **Column　ダイヤルアップルータ**
>
> 　一昔前、現在のようにブロードバンド環境が整う以前のアクセス回線は、**ISDNが主流**でした。そのときに登場したのがダイヤルアップルータです。
>
> 　ダイヤルアップルータは、ルーティングテーブルに加え、宛先ネットワークアドレスと接続先ISDNダイヤル番号の対応表を持ち、ルーティング先がISDN経由であれば自動的にダイヤルして接続し、データ通信を実行する機能を持つルータです。
>
> 　現在のネットワークのように常時接続ではなく、ユーザーがネットワークにアクセスしたいときにだけダイヤルしてネットワーク回線に接続し、不要

なときには切断する形態をとっていました。費用面でも、時間課金での通信費用であるため、おのずから費用を最小限に抑えることができる仕組みです。

　一般消費者向けや、小規模拠点ネットワーク向けのようなルータの使われ方をしていました。

まとめ

この節では、次のようなことを学びました。

● ルータには、使われる場面やネットワークの規模によって、いくつかの種類があります。

● IP-VPN網や広域イーサネット網といったサービスプロバイダー向けネットワークで使われるルータが、コアルータやエッジルータです。ともに大量のデータを扱うことと高速な処理が求められます。

● WANネットワークで使われるルータのことを、通信事業者はカスタマーエッジルータ、顧客側はアクセスルータと呼びます。WANへアクセス回線を介して接続する部分に用いられます。

● 構内ネットワーク（大規模拠点ネットワーク、中小規模拠点ネットワーク、サーバファーム）では、レイヤ3スイッチがルーティングを行います。

● アクセスルータ（小規模拠点ネットワーク向け）は、主に光回線をアクセス回線に使ったインターネット接続に使われるルータです。

CHAPTER 5

4 レイヤ3スイッチとの違い

この節では、ルータとレイヤ3スイッチの違いについて学びます。

パケット転送をハードウェア処理するレイヤ3スイッチ

ルータとレイヤ3スイッチの大きな違いとして、パケットの転送処理をソフトウェア的に行うのか、ハードウェア的に行うのかということがあります。

ルータは前者であり、レイヤ3スイッチは後者です。

レイヤ3スイッチは、レイヤ3という名のとおり、ルータ同様、OSI基本参照モデル第3層のネットワーク層に位置付けられます。ただし、ルータとはネットワーク機器としての内部構造が違います。

ルータの場合はCPUとメモリが連携し、ソフトウェアでパケットの転送を行います。レイヤ3スイッチの場合はASICと呼ばれる専用チップでパケットの転送を行います。ハードウェア処理をするというのが大きな特徴です。そのため、ルータに比べてより高速にパケットを処理することができます。

ただし、現在はハードウェア処理をするルータも増えており、そのような製品では処理速度に関する違いはなくなりました。

ルータはVPNやNAT/NAPT機能をサポートする

パケット転送をハードウェア処理するレイヤ3スイッチの登場で、ルータ

の存在価値はなくなってしまったのでしょうか？　ここからはルータの存在価値、つまり「ルータの売りとは何だろうか？」という視点で考えてみたいと思います。

　ルータの売りは、簡単にいうと**WANやインターネット接続に特化した機能が備わっている**という点です。

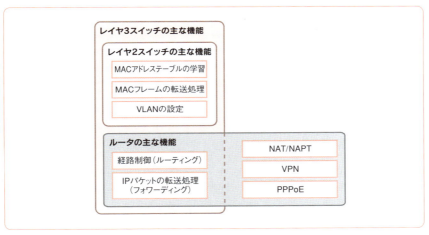

図　ルータとスイッチの機能の関係

　ルータとレイヤ3スイッチは、厳密には違うものの、機能的にやや重複する部分があることは否めません。しかし、ルータにあってレイヤ3スイッチにないものがあります。それは**VPN機能**や**NAT/NAPT機能**（アドレス変換）です。これは一般的なレイヤ3スイッチの機能にはありません。WANとLANの橋渡し役であるルータの役割だからです。レイヤ3スイッチとルータの一番の違いでもあります。

⇒ただし一部の高額なレイヤ3スイッチでは、専用モジュールを増設することによってそれらの機能にも対応できます。

VPN機能を使って安全なネットワークを実現

　インターネット網の中は、セキュリティへの対策は何も施されていません。つまり、端末側である接続する本人もしくは企業が、自らの責任で対策を講じなければなりません。ネットワークをタダで利用するので、ある意味、当たり前でしょう。

　ネットワーク全体構成図をご覧ください。

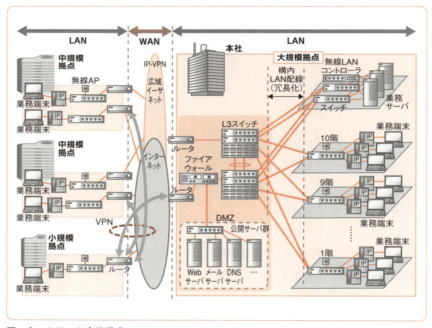

図　ネットワーク全体構成

　図の真ん中あたりにインターネット網があり、それに接続するルータ間の矢印に対してVPNと書かれている箇所があります。これはインターネット網の中でVPN（仮想プライベートネットワーク）という機能を使って、大規模拠点や中規模拠点へつながっていることを示しています。

インターネット網は不特定多数の人が利用しますが、企業で扱うデータが外部に漏れることは防がなければなりません。そのため、実際のユーザー同士でやり取りされるパケットを暗号化したり、認証の仕組みを使ったりするのです。インターネットVPNは、「インターネット網を挟んでルータ同士が仮想的な暗号化トンネルでつながっている」と思えばよいでしょう。

そうすることによって、その間のパケットのやり取りは暗号化され、測定器などをつないでパケットを採取しても、内容を解読することは不可能となります。通信が秘匿できて安全なネットワークを実現できます。

1対多のアドレス変換を実現する NAT/NAPT機能

第2章で、プライベートアドレスとグローバルアドレスのアドレス変換について解説しました。それを実際に行うのが**NAT/NAPT機能**です。

NAT/NAPT機能は、1対多のアドレス変換を実現します。小規模拠点や一般家庭においても、複数の端末を使うケースが多いと思います。1つのグローバルアドレスと複数のプライベートアドレスの識別は、ポート番号[注3]を使って行われています。

⇒ **ここで説明したような機能をIPマスカレードと呼ぶこともあります。**

インターネット接続サービスによく利用される PPPoE

ルータにあってレイヤ3スイッチにないものとして、もう1つ、PPPoE機能があります。**PPPoE**（PPP over Ethernet）は、家庭内LANに接続されたPCやルータなどの機器と、ISP内に設置された通信機器の間で接続を確立する手段として利用される技術です。

注3) ポート番号とは、アプリケーション層のプロトコルを識別するための番号です。p.200のコラムも参照してください。

PPP（Point-to-Point Protocol）は、かつて電話回線やISDN回線を通じてインターネットに接続する際によく用いられていたプロトコルですが、それを現在主流であるイーサネット上で利用できるようにしたものです。

PPPoEでは接続開始時に利用者の識別（ユーザー認証）などを行うことができるため、インターネット接続サービスに利用されています。PPPoE接続を利用するサービスの例として、フレッツ光があります。

まとめ

この節では、次のようなことを学びました。

● ルータはソフトウェアでパケットの転送を行い、レイヤ3スイッチはハードウェアでパケットの転送を行います。ハードウェア処理をするレイヤ3スイッチのほうが高速にパケットを処理することができます。ただし、現在ではハードウェア処理を行うルータも増えています。

● ルータの売りは、WANやインターネット接続に特化した機能を備えていることです。

・VPN
・NAT/NAPT（アドレス変換）
・PPPoE

CHAPTER 5

5 ルータを効果的に使うには

この節では、ルーティング以外の、ルータを利用する際のポイントについて学びます。

パケットフィルタリング

　ルータには簡易的ではありますが、セキュリティ機能が搭載されています。それがパケットフィルタリング機能です。ネットワーク層のデータ単位であるパケットのヘッダ中に含まれる情報に基づいて、フィルタリング処理を実行することができます。つまり、パケットを通す／通さないの判断ができるのです。道路上の検問のようなイメージです。

　たとえば、「172.16.1.0のネットワーク宛てのパケットは破棄する」といった処理が行えたり、「FTPのトラフィックだけは通過を許可する」といったプロトコル単位での処理が行えたりします。

　どのレベルのフィルタリングができるかは、ルータのスペックによります。高価なルータであればあるほど、細かな設定が行えます。

冗長化でネットワークの信頼性を高める

　次ページのネットワーク全体構成図をご覧ください。

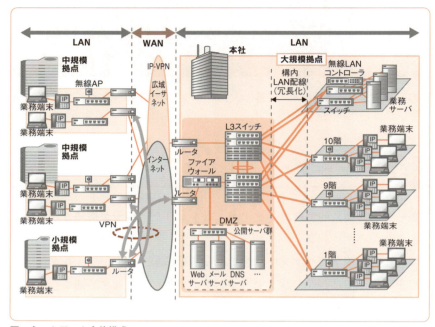

図　ネットワーク全体構成

　第4章でも説明したとおり、中・大規模拠点のネットワークでは、ユーザーへの影響度を考えると、ネットワークの信頼性は最重要課題です。ネットワークを使うユーザー数が小規模拠点と比べて格段に多いからです。中・大規模拠点のネットワークでは、「ネットワークの信頼性がすべて」なのです。

　中・大規模拠点のネットワークでは、ルータの冗長化を行います。そうしないと、ルータに何らかの障害が生じた場合、その拠点のユーザーは自分以外の拠点との通信ができなくなってしまいます。

冗長化にも種類がある

　中・大規模拠点においてWAN側が冗長化されるということは、WANへ

の出口も複数存在するということです。ネットワークの構成を考えるうえで、方法は大きく分けて2つあります。

- 複数のルータでそれぞれWAN回線を保有
- 1つのルータで複数のWAN回線を保有

本書では、通常運用されているルータをアクティブ系、バックアップ用の装置をスタンバイ系と定義し、話を進めていきます。

複数のルータでそれぞれWAN回線を保有

ルータの構成を次の図のようにし、アクティブ系とスタンバイ系、両方で運用します。回線もそれぞれ持ちます。かつ、別々の通信事業会社（キャリア）の回線とします。

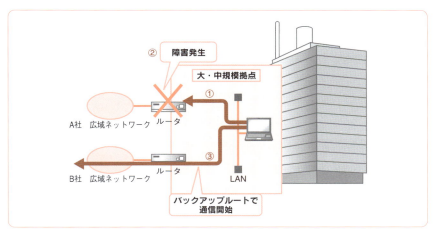

図　複数のルータでそれぞれWAN回線を保有

「ルータはまったく同一の機種でバージョンも同じものとするが、WAN回線は別にする」というのがポイントです。機器を同じものに揃えるのは、

ソフトウェアの相性による安定性を考慮してのことです。しかし、WANの回線については別です。万が一、通信事業者A社の局舎自体に障害が起きたときに、同一回線であっては冗長化が意味をなさないからです。これを回避するためにも、信頼性という面で、**WAN回線は別々の通信事業者から借りるのが鉄則**です。

　この構成であれば、通常運用されている回線やルータ自体に障害が発生しても、常時スタンバイさせている予備のルータを使った経路へ自動的に切り替わり、処理を引き継ぐことができます。信頼性を重要課題とする理想的な構成です。ただし、導入機器が増え、構成も煩雑化するのがデメリットです。

➡ **この切り替わりの動作を実現させるのがVRRP（Virtual Router Redundancy Protocol：仮想ルータ冗長プロトコル）です。VRRPは、同じLANにつながる数台のルータを仮想的に1台のルータとして扱います。PC端末側は、実際のルータのアドレスをゲートウェイアドレスに設定するのではなく、VRRPの仮想ルータのアドレスを設定することになります。また、VRRPは業界標準プロトコルで、RFC 3768で定義されています。**

　また、現在はコストを意識してか、次の図のようにバックアップ回線をインターネットVPNにするのが主流となっています。

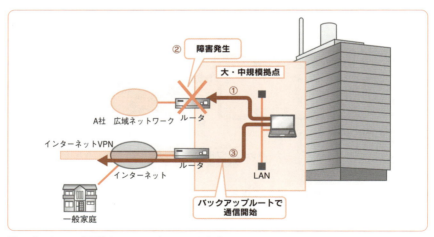

図　バックアップ回線をインターネットVPNとする

1つのルータで複数のWAN回線を保有

　次の図で示す構成です。先ほどの「複数のルータでそれぞれWAN回線を保有」する構成よりも信頼性の面において少し劣ります。ただし、費用面で若干の優位性があります。構成するネットワーク機器が少なくなるからです。

　この構成では、通常運用のWAN回線に障害が発生しても、バックアップルートの回線で継続して通信ができます。ただし、ルータ自体に障害が発生するとすべての通信ができなくなるという条件が付きます。この構成とするかどうかは、ネットワーク障害がもたらすリスクをどこまで許容できるかによります。

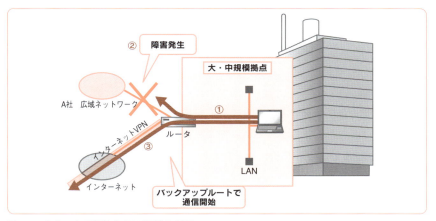

図　1つのルータで複数のWAN回線を保有

　確かに費用面の問題はありますが、今日のネットワークへの依存を思えば、信頼性の高いネットワーク構成である、前項の「複数のルータでそれぞれWAN回線を保有」を理想として検討してください。

ビル内の光の設備

「WAN側のポートの先は、どうなっているのだろう」と興味がわく方もいるでしょう。LAN側は何となく目にすることはありますが、WAN側についてはなかなか目につくところに装置はありません。

ルータから先の部分については第3章で解説しましたが、ここではもう少し踏み込んだ、ビル内の「光の設備」に焦点を当てて解説します。

構成概略図

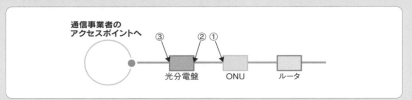

①ONU→光分電盤

②光分電盤

③光分電盤→通信事業者のアクセスポイントへ

①は、第3章で解説したONUから見てWAN側の話です。ONUの「LINE」と明記されている口から、光ファイバケーブルを介して、ビル構内にある光分電盤向けに配線されます。

写真　ONUの光ファイバケーブル接続口

ONUから光分電盤への配線は、床下を通る場合もありますし、天井裏を通る場合もあるなど、そのフロア環境によって決まります。

　②は光分電盤です。各フロアに設置されるONUから来る光ファイバケーブルを集約し、通信事業者のアクセスポイントまでの受け渡しを行います。

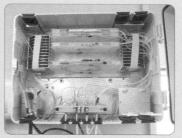

写真　光分電盤
光分電盤に各フロアからの光ファイバケーブルが集約される（左）。光分電盤の内部（右）。

　③は通信事業者向けの部分です。光分電盤からビル構内の配線を介して通信事業者のアクセスポイントまで運ばれることになります。写真は、フロアの天井を伝った配線の例です。

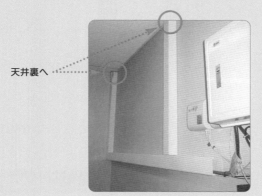

写真　天井─光分電盤
光ファイバケーブルは天井裏を通って配線される場合もある。

まとめ

この節では、次のようなことを学びました。

● ルータは、簡易的なセキュリティ機能として、パケットフィルタリング機能を備えています。

● 中・大規模拠点のネットワークでは、ネットワークの信頼性を高めるためにルータの冗長化を行います。

● 冗長化には、次の2つの方法があります。

　・複数のルータでそれぞれWAN回線を保有

　・1つのルータで複数のWAN回線を保有

CHAPTER

6

セキュリティ超入門

誰もがネットワークを利用するようになり、ビジネスに必要不可欠となった今では、ネットワークのセキュリティを考えることは避けて通れません。本章ではネットワークセキュリティの基本的な考え方、犯行の種類、ファイアウォール、社内のセキュリティについて学びます。

CHAPTER 6

1 ネットワークセキュリティ の考え方

この節では、ネットワークセキュリティに必要な視点について学びます。

これまで学んできたことで、現場で必要なネットワークの技術はおおよそわかったといってもよいでしょう。ただし、あくまでも「おおよそ」です。

一昔前であれば、ここまでの知識でネットワーク屋さんとしての仕事は勤まりました。しかし、現在のネットワークは、「つながっているのは当たり前」の時代になっています。ただ単にネットワークがつながればよい、という考えから一歩進んで、ユーザーが安心して利用できるネットワークを提供するという考え方が必要です。つまり、ネットワークセキュリティという考え方が必要なのです。ネットワーク屋さんの使命は、時代とともに変化したのです。

では、ネットワークセキュリティの考え方とは、具体的にはどういった視点を持てばよいのでしょうか？

大きくは次の3つの視点が必要です。

- セキュリティ全般の視点
- ネットワークの外部からの視点
- ネットワークの内部からの視点

この3つの視点を通してネットワークセキュリティを学んでいきましょう。

セキュリティ全般の視点

今日では、情報がコンピュータ上で一元管理され、ネットワーク上に存在

するようになりました。それに伴い、不正行為によって被害が拡大するスピードもその影響も日増しに大きくなっています。

そこでセキュリティ全般の視点として、まず、何を守るのか？何から守るのか？という視点を持ってネットワークを管理していかなければなりません。

何を守るのか？

ネットワーク全体構成図をご覧ください。この図の何を守るのか？を考えてみましょう。

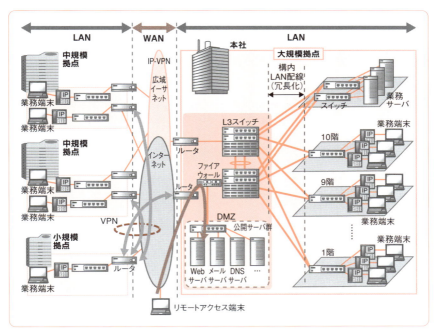

図　ネットワーク全体構成図（無線LANは省略。無線LANのセキュリティは第8章で解説します）

切り口として、ハードウェアとソフトウェアに分けて考えましょう。

ハードウェア面としては、各種サーバが挙げられます。たとえばWebサーバや認証サーバなど、プラットフォームそのものです。サーバ自体がダウンすると、企業は業務が停止します。多大な被害を被ることになるでしょう。もう1つ、守るべきハードウェアとしてはユーザーが業務で使うPCもあるでしょう。

　他方、ソフトウェア面としては、Webサーバや認証サーバに登録されているアカウント情報（ユーザーIDやパスワード）、ノートPCに入った企業の機密情報が挙げられます。つまり、情報です。

　これらの情報が、悪意を持った第三者に渡ったり、P2Pのファイル共有ソフトでインターネットを経由して送信されたりしたら大変です。最悪、企業の存続を脅かす事態に発展しかねません。これらの情報漏えいは必ず食い止めなくてはなりません。

何から守るのか？

　では、何から守るのか？ということを、ざっくり2つの切り口で考えてみましょう。

- 外部からの犯行に備える
- 内部からの犯行に備える

　犯行は、外部からと内部からの2つのパターンが考えられます。ネットワークセキュリティといっても、世の中で起きている事件と同じです。通常は外部による犯行が大半ですが、場合によっては身内、つまり内部による犯行というケースもあります。

　病気の感染にもたとえられます。学校や会社で風邪をうつされる場合もありますし、家の中で家族から感染するケースも考えられるでしょう。前者が外部からの感染、後者が内部からの感染と言い換えられます。

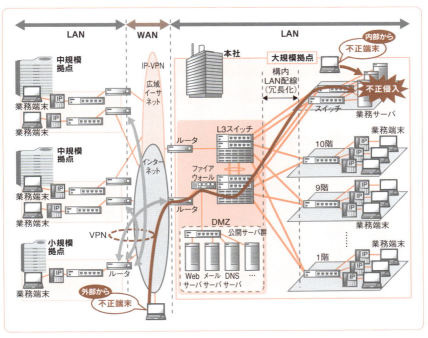

図　何から守るのか？

　次節以降は、外部からと内部からのそれぞれの犯行パターンにどうやって対処するかについて、詳しく学んでいきます。

まとめ

　この節では、次のようなことを学びました。

- 現在のネットワークでは、ただつながっているだけでなく、安全性を確保し、ユーザーが安心して利用できる環境を提供するという考え方が必要です。
- セキュリティ全般の考え方として、何を守るのか？何から守るのか？という視点が必要です。

CHAPTER 6

2 「何から守るか？」外部からの犯行の代表例

この節では、外部からの犯行にはどんなものがあるかについて学びます。

　ここでいう外部からの犯行とは、インターネット接続に関することが中心になります。外部からの犯行の代表例として、次のようなものがあります。

- 不正侵入
- 情報の盗聴
- なりすまし
- DoS攻撃
- コンピュータウイルス

不正侵入

　現実の世界における不正侵入は、読者の皆さんの自宅に忍び寄り、無断で家のタンスや金庫を開ける犯罪行為です。泥棒と同じです。

　これをネットワークの話に置き換えると、各種業務サーバや認証サーバに対し、許可のないアカウント権限で不正にアクセスすることを不正侵入といいます。たとえば、次ページのネットワーク全体構成図にあるように、見知らぬ人がインターネットを介して、企業内のネットワークを通って業務用サーバなどに無断で侵入することです。

　サーバに侵入されただけでなく、最悪、ほかのサーバへ侵入するための「踏み台」（中継地点）に利用されるケースも考えられます。また、ハードディスクやCPUなどのリソース（資源）を不正に使用されるケースも考えられるでしょう。

188

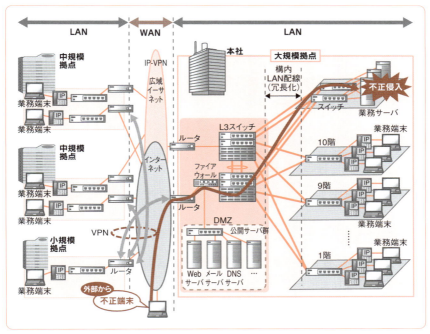

図　不正侵入（外部から）

情報の盗聴

　情報の盗聴とは、「盗聴器を仕掛け、機密情報を盗み取る」という犯罪行為をイメージしてください。

　たとえばインターネット網は、不特定多数の人が利用しているネットワークです。そのため、悪意を持った者がネットワーク上をデータが通過するのを待ち受けて、他人の電子メールやパスワード、クレジットカード番号などの情報を盗む恐れがあります。

なりすまし

　「情報の盗聴」が次の段階に進むとどうなるでしょうか？　不正に入手したデータを利用して、本人のふりをして情報を利用されることが考えられ

ます。これが「なりすまし」です。

インターネットの世界では、通信相手が本人であるかどうかを確認することが難しく、なりすますことが比較的容易にできてしまいます。

「なりすまし」は通信に限った話ではありません。たとえば、悪意を持った者が、ある会社の社員証を何らかの方法で入手したとします。その社員証を首からぶら下げて、本人のふりをして会社内に侵入するという行為も「なりすまし」です。

他人のIDとパスワードを盗み聞きし、サーバへログインするときにそのIDとパスワードを使うことも「なりすまし」に該当します。

▌DoS攻撃

「毎日のように皆さんの家に、大量の不要な広告チラシや荷物が送りつけられたらどうなりますか？」

「自宅でいたずら電話が次から次へと鳴り響いたら、どうなりますか？」

日々の生活の妨げになりますね。

DoS（Denial Of Service）**攻撃**は、ネットワークそのものや、サーバ、ホストなどの端末に対して膨大なデータを送りつける悪質な行為です。ネットワークやサーバ、ホストの負荷が重くなり、正常な情報の処理ができなくなることがあります。また、DoS攻撃のことをDoSアタックともいいます。

具体的には、次のような攻撃を行います。

- 大量のアクセス要求によって、ホストやサーバに負荷をかけて、正規のユーザーがアクセスできなくする
- SPAMメールでディスク自体を浪費させ、サーバを使用不能にする

図　DoS攻撃

コンピュータウイルス

　読者の皆さんもインフルエンザにかかったことがあるでしょう。これは、ウイルスに感染した状態です。体がだるい、高熱が出る、さらには他人にも感染します。自宅から外出するのを禁止され、悪くいえば周囲から隔離された状態になります。

　コンピュータ上におけるウイルスも同様です。コンピュータウイルスの中には、データやシステム自体を破壊し、業務を停止させてしまうような悪質なものもあります。

　コンピュータウイルスに感染すると、たとえば次のような症状が出ます。

- コンピュータの動作速度が極端に遅くなる
- システム自体が突然ダウンしたり、起動しなくなったりする
- 大量のデータがネットワークに流れてしまう
- 電子メールにウイルスが添付され、勝手に送信されてしまう

　われわれが身近にかかるインフルエンザでも、体がだるくなったり、突然高熱が出たり、体に変化が生じます。そういった自然界のウイルスと何ら変わらないのです。

まとめ

この節では、次のようなことを学びました。

● 外部からの犯行の代表例として、次のようなものがあります。

　・不正侵入

　・情報の盗聴

　・なりすまし

　・DoS攻撃

　・コンピュータウイルス

● 各種業務サーバや認証サーバに対し、許可のないアカウント権限で不正に
アクセスすることを不正侵入といいます。

● ネットワーク上をデータが通過するのを待ち受けて、他人の電子メールや
パスワード、クレジットカード番号などの情報を盗む行為を、情報の盗聴
といいます。

● 不正に入手したデータを利用して、本人のふりをして情報を利用すること
を「なりすまし」といいます。

● DoS(Denial Of Service)攻撃は、ネットワークそのものや、サーバ、ホ
ストなどの端末に対して膨大なデータを送りつけ、正常な情報の処理をで
きなくさせる行為です。

● コンピュータウイルスには、データやシステム自体を破壊し、業務を停止
させてしまうような悪質なものもあります。外部に感染を広げる点も、自
然界のウイルスと同じです。

CHAPTER 6

3 外部からの犯行への対策

この節では、外部からの犯行への対策について学びます。

　それでは、今まで述べてきた犯行に対して、ネットワークセキュリティの観点で対策を考えてみたいと思います。

　ところで、外部からの不正アクセスへの究極の対策は何でしょう？　少し考えてみてください。すごくシンプルで簡単なことです。

それは、「外からアクセスさせない」ことです。

　つまり、インターネット用の回線を設けないことです。社内イントラネットだけにすれば、外部からの不正アクセスは完全に遮断できます。

　しかし、外出先から社内のWebページも見られなくなりますし、インターネットを使ったビジネスもできなくなります。いくら安全が大事といっても、それでは企業にとって本末転倒でしょう。

　そこで「外からアクセスさせない」をもう少し発展させて、「外から直接社内のネットワークへアクセスさせない」ようにします。具体的には、外部ネットワーク（インターネット）からも内部ネットワーク（社内のネットワーク）からも隔離されたネットワークを設ければよいのです。

　物理的に考えてみましょう。次ページのネットワーク全体構成図をご覧ください。**DMZ**（Demilitarized Zone：非武装地帯）という記載があります。ここの部分です。

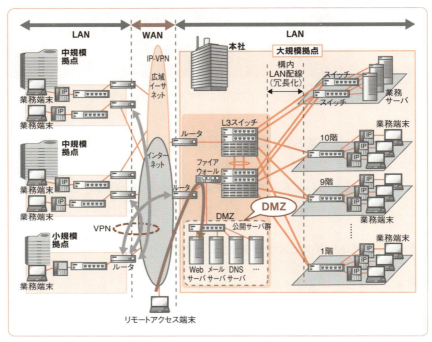

図　DMZ

DMZは公開用のサーバを設置する専用の場所

　朝鮮半島には軍事境界線があります。軍事境界線とは、朝鮮戦争の歴史によってできた、大韓民国（韓国）と朝鮮民主主義人民共和国（北朝鮮）を分断する場所のことです。軍事境界線の周囲には、南北に幅2kmずつ（計4km）の非武装中立地帯が設定されているのは、読者の皆さんもご存じのことでしょう。

　ネットワークの世界でも、この非武装地帯であるDMZを設ける場合があります。インターネットに接続されたネットワークにおいて、外部ネットワーク（インターネット）からも内部ネットワーク（社内のネットワーク）からも隔離された場所を設けるためです。外部に公開するサーバをここに置いてお

けば、外部からの不正なアクセスを排除でき、また万が一、公開サーバが悪意ある者に乗っ取られた場合でも、内部（社内）ネットワークにまで被害が及ぶことはありません。

DMZを作るためには、ファイアウォールが必要です。

ファイアウォールとは

ファイアウォールは、社内ネットワークと外部ネットワークの境界、つまり接続点で、データの入出力のアクセス制御をします。また、外部ネットワーク（インターネット）からも内部ネットワーク（社内のネットワーク）からも隔離されたネットワークであるDMZを作るためには、絶対に必要な機器です。

つまり、ファイアウォールは次の3つの境界になります。

- 社内ネットワーク（または信頼ネットワークともいう）
- 外部ネットワーク（または信頼できないネットワークともいう）
- DMZ

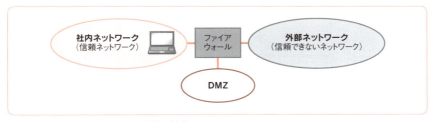

図　ファイアウォールは3つの領域の境界

ファイアウォールのタイプ

ファイアウォールの機能の話に入る前に、ファイアウォールのタイプについて説明しておきます。大きくは次の2つです。

- ソフトウェア製品
- ハードウェア一体型(ネットワークアプライアンス)製品

　ソフトウェアタイプの製品では、汎用のハードウェアを用意し、ファイアウォール機能のソフトウェアをインストールして使用します。ここでいう汎用のハードウェアとは、サーバのことです。Windows対応の製品もあれば、Linux/UNIXベースの製品もあります。

　汎用のハードウェアが使えるため、遊休品のハードウェアなどがある場合は低コストで導入でき、自由度は高いといえるでしょう。ただし、どんなハードウェアでも動作するというわけではなく、ソフトウェアがサポートするOSが搭載されたハードウェアを用意しなければなりません。また、導入時のインストール作業や検証作業が必要となります。

　他方、ハードウェア一体型製品は、ネットワークアプライアンスともいいます。ネットワークアプライアンス製品は、特定の用途向けにカスタマイズされた専用装置のことです。通常は、LinuxなどのサーバOS上に特定用途向けソフトウェアを組み込んだ筐体として販売されています。ベンダーが用意するハードウェアとOSに、ファイアウォールのソフトウェアがあらかじめインストールされた製品です。本書では、これを一体型の製品と表現しています。

写真　ファイアウォール(ハードウェア一体型製品)

こちらはOS自体もベンダー独自のものを使用していることから、ソフトウェアタイプと比べて自由度は下がります。しかし、一体型であることから機器の導入が容易に行えます。

ファイアウォールの機能のポイント

ファイアウォールの機能のポイントは、次の3点です。

- アクセス制御（フィルタリング）
- アドレス変換
- ログ収集

アクセス制御（フィルタリング）とアドレス変換

ファイアウォールでアクセス制御（フィルタリングともいう）を行うことにより、悪意ある者による不正アクセスから社内ネットワークを守ります。道路上における、交通規制の働きをすると思ってください。たとえば、工事現場の近くを通ると、現場関係者の人が立っていて、「現場関係者以外の車は入れない（一般車両は通れない）」などと告げられ、迂回を余儀なくされたことのある人も多いでしょう。これと同様に、特定のパケットは通すがそれ以外のパケットは通さないといった、通信における交通規制の働きをします。

通信のアクセス制御は、ただ単にデータの方向（入出力）を制御するだけではありません。IPアドレスやプロトコル、ポート番号を指定して、特定のパケットだけに絞った細かな制御設定が行えます。

基本的なフィルタリング例は、次のとおりです。

①社内ネットワーク　→　外部ネットワーク
　社内で許可されているアプリケーションのパケットのみ通過を許す。

②外部ネットワーク → 社内ネットワーク

社内で許可されているアプリケーションで、社内ネットワークから外部ネットワークへ送信されたパケットの、戻りのパケットのみ通過を許す。

③外部ネットワーク → DMZ

公開サーバのアプリケーションのパケットのみ通過を許す。

④DMZ → 外部ネットワーク

公開サーバのアプリケーションに対して送信されたパケットの、戻りのパケットのみ通過を許す。

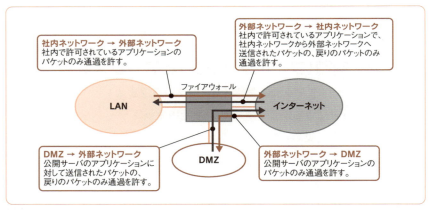

図　基本的なフィルタリング例

　また、ファイアウォールはアドレス変換機能も有しており、プライベートアドレスとグローバルアドレスの変換を行うことにより、プライベートアドレスである社内のIPアドレスを隠すという役目も果たします。

ログ収集

　ログ（通信の記録）の収集や監視をすることで、不正なアクセスに対して原因分析や解析が行えます。たとえば、不審アクセスの追跡、特定ユーザーの

行動履歴の検索などに利用できます。また、内部統制やセキュリティ対策などで必要な、サーバへのアクセス履歴の収集や保管も行えます。

何が問題だったのか？　どうしてこのようなことが生じたのか？　ネットワーク管理者にとって、実態を把握することは必要不可欠です。

Column 公開サーバ用のデータベースサーバはDMZ上には設置しない

重要なデータベースは、信頼ネットワーク（トラステッドゾーンともいう）に設置するのが鉄則です。ここでいう重要なデータベースとは、顧客情報、つまりサーバにアクセスしてくるユーザーのアカウント情報です。また、信頼ネットワークとは、外部からの直接のアクセスを許可しないエリアのことです。具体的には社内ネットワークをイメージしてもらうとよいでしょう。

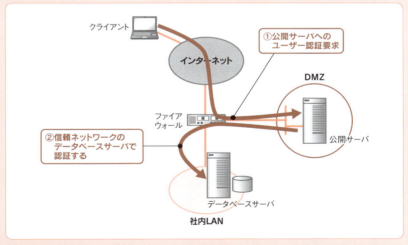

図　データベースサーバ設置例

ポート番号

　IPアドレスが家の住所にたとえられたように、ポート番号は部屋のドアにたとえられます。

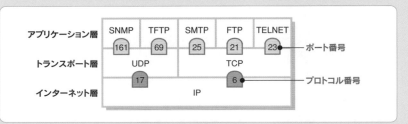

図　さまざまなプロトコルとポート番号

　インターネット層[注1]から図のTFTPの部屋に行くには、まずUDP（17番）のドアを開けなければなりません。そのドアを開けると、UDPの部屋には小部屋がいくつかあります。たとえば、SNMPやTFTPの部屋です。TFTPの部屋に行くには、69番のドアを開けます。これでTFTPの部屋に到達できます。TCPのSMTPやTELNETを使う場合も同様に、決められた番号をたどっていきます。

　以上のように、UDPとTCPはアプリケーション層へ情報を受け渡しをするためにポート番号を使用します。別の言い方をすると、ポート番号は、アプリケーション層とトランスポート層をひもづけるためのものです。

　ポート番号の0〜1023は、ウェルノウンポート（well known port：よく知られたポート）と呼ばれ、一般的なアプリケーション層サービスに対して割り当てられています。

　なお、上の図は代表的なポート番号のみを挙げています。実際は、WWWは80番、POP3は110番といった具合にたくさんのプロトコルがあります。

注1）OSI基本参照モデルとよく似たネットワークモデルとしてTCP/IPモデルがあります。インターネット層はTCP/IPモデルの第2層で、OSI基本参照モデルのネットワーク層にあたります。ネットワークを考えるうえで基本となるのはOSI基本参照モデルですが、TCP/IPのネットワーク機器やプロトコルは実際にはTCP/IPモデルに準拠しています。

ファイアウォールにも限界がある

ファイアウォールを導入しても、すべての犯行に対する特効薬とはなりません。ここでは、ファイアウォールの限界について説明します。

次の2つはファイアウォールでは対処できません。

- コンピュータウイルス
- 社内ネットワーク(内部)からの攻撃

1つ目のコンピュータウイルスに関しては外部的な要素も含みますが、基本的に「ネットワークの内部的な問題に弱い」といえます。

少し視点をネットワークの内部に向けて解説していきます。

ワクチン注入

よく勘違いをする人がいるのですが、コンピュータウイルスは、ファイアウォールを導入しただけでは防げません。特にメールに添付されて送られてくるウイルスは、ファイアウォールだけでは検出できないからです。

では、コンピュータウイルスを防ぐにはどうすればよいでしょうか?

インフルエンザの場合は予防接種でワクチンを注入しますね。コンピュータウイルスでも考え方は同じです。ワクチンをPCやサーバに注入するのです。ワクチンにあたるのは、PCをコンピュータウイルスの感染から予防したり、ウイルスに感染したPCからウイルス自体を駆除したりするソフトウェアです。これをウイルス対策ソフト、もしくはアンチウイルスソフトといいます。

小規模なネットワークや一般家庭の場合は数台のPCにウイルス対策ソフトをインストールすればよいですが、中・大規模なネットワークではそうはいきません。管理対象のPCが数十台、大規模ネットワークでは数千台ということもあるからです。また、各ユーザーがウイルス情報などのアップデートを

怠ると、新種のウイルスにネットワーク全体が対応できず、意味をなさなくなります。たとえば、会社や学校でも、一人がインフルエンザに感染すると、どんどん周りに蔓延します。ネットワークにおいても一部のPCが感染すると、ネットワーク全体に瞬く間に広がります。

　ネットワーク管理者は、ユーザーに対し、定期的にアップデートを行うよう促す必要があります。しかし現実問題、これではあまりに非効率であり、対象人数が多くなればなるほど周知にも限界があるといえるでしょう。

　では、どうすればよいでしょうか？

　それには各PCにワクチンをインストールするのではなく、ネットワークの伝送路にウイルス対策用の専用ネットワークアプライアンス製品を導入するのです。専用装置を導入することにより、ワクチンデータを自動更新する仕組みが提供できます。

⇨ こうした製品のことをセキュリティアプライアンスと呼びます。

　近年、インターネットの発展により、電子メールなどを通してウイルスが感染しやすくなっています。そこで、ウイルスの感染をいち早く検知し、各PCに対してワクチンを迅速に自動配布する仕組みが求められています。

▌社内ネットワーク（内部）からの攻撃

　ファイアウォールは、インターネット（外部）からの攻撃に対して、社内ネットワークを守るための技術です。社内ネットワークである内部からの攻撃には、まったく対応できません。

　言い換えると、ファイアウォールは自身を経由しない通信に対応することはできません。そのため、社内ネットワークのどこかに外部から侵入できる箇所が存在し、そこから不正アクセスを受けたりする場合には何も対処できません。家の玄関に鍵や監視カメラがついていても、ベランダの鍵がかかっていなければ泥棒は簡単に入ってきてしまいます。ネットワーク管理者は広い視野を持って、セキュリティ対策・管理をしなくてはなりません。

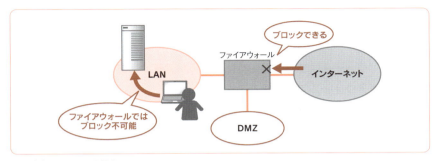

図　内部からの不正侵入

参考

すでに説明したとおり、昨今では社内の人物が重要なデータを引き出すという事態も考慮しておかなければなりません。セキュリティ対策・管理にあたっては、ユーザーに対する厳しい懲罰や教育、個人のモラル向上など、地道な活動を行っていかなければならない面もあるということも頭に入れておいてください。

まとめ

この節では、次のようなことを学びました。

- インターネットに接続されたネットワークにおいて、外部ネットワーク（インターネット）からも内部ネットワーク（社内のネットワーク）からも隔離された場所として、DMZ（非武装地帯）を設けることがあります。外部に公開するサーバはDMZに設置します。

- ファイアウォールは、社内ネットワークと外部ネットワークの境界で、データの入出力のアクセス制御をします。ファイアウォールは、DMZを作るためには絶対に必要な機器です。

- ファイアウォールの機能のポイントは、次の3点です。
    - アクセス制御（フィルタリング）

・アドレス変換

・ログ収集

● ファイアウォールはすべての犯行に対する特効薬ではありません。次の2つ
はファイアウォールでは対処できません。

・コンピュータウイルス

・社内ネットワーク（内部）からの攻撃

CHAPTER 6

4 「何から守るか？」内部からの犯行に備える

この節では、内部からの犯行への対策について学びます。

今までの話のように、今日では内部という側面でもネットワークセキュリティの対策を講じなければならなくなってきています。その理由として次のような、企業における環境の変化が挙げられます。

- そもそもネットワークを使う人が増えた
- 正社員以外の人も一緒のオフィスで働くようになった
- 情報そのものの価値が高まった

内部からの犯行

内部からでも、外部からと同様の犯行が発生することが考えられます。

- 不正侵入
- 情報の盗聴
- なりすまし
- 情報の持ち出し
- コンピュータウイルス

次ページのネットワーク全体構成図の「不正端末」と書かれた箇所（右上の大規模拠点内）をご覧ください。

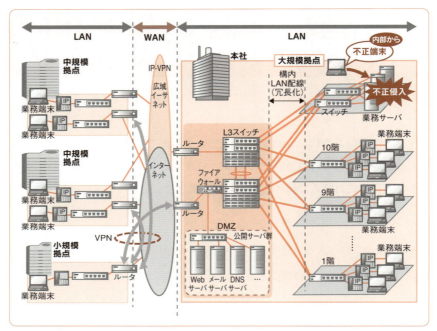

図　不正侵入（内部から）

　不正侵入は、各種業務サーバや認証サーバに対し、許可のないアカウント権限で不正にアクセスする行為です。内部からの場合も、外部からの犯行と本質的に違いはありません。

　違いは、「侵入口がインターネット網を経由してファイアウォールを越えているかどうか」です。たとえば、内部からの犯行の場合は、不正端末が企業内のLANに直接アクセスし、業務サーバなどに無断で侵入することがあります。

　他方、外部からの犯行の場合は、インターネット経由でファイアウォールを介しての侵入でした。これに比べれば、社内関係者のほうが容易に社内ネットワークにアクセスできますし、機密性の高い業務サーバへアクセスすることが可能なのは想像がつくでしょう。

そのほか、「情報の盗聴」「なりすまし」「情報の持ち出し」「コンピュータウイルス」も同様です。外部からの犯行との違いは、その侵入口がファイアウォールを越えているかどうかです。

　それでは、内部からの犯行への対策を見ていきましょう。

ユーザー認証

「ケーブルをつなぐとすぐに社内ネットワークにアクセスできる」

　便利なようですが、本当にこれでよいのでしょうか？

　法人や企業向けネットワークでは、企業の機密情報や個人情報など、外部に漏れてはならない情報がたくさんあります。より安全にネットワークを使うためには、最低限、「誰がネットワークを使うのか」という本人確認が必要です。つまり、ユーザー認証という概念が必要となります。

　ユーザー認証は、ユーザーIDやパスワードを利用したユーザー確認の方式です。ユーザーIDとパスワードの組み合わせで、本人確認を行うのです。その本人確認が取れたユーザーのみがネットワークに参加できるルールとします。

　そのために、認証サーバをネットワーク上に設置します。認証サーバとPCの大まかなやり取りを次に示します。

①PCでWebブラウザを起動し、指定されたURLを用いてネットワークにアクセスします。

②ユーザーIDおよびパスワードによる認証を行います。

③認証に成功し正規ユーザーと認められれば、認証成功画面をPCに表示します。

④認証済みPCは、社内ネットワークに接続できるようになります。

これが大まかな流れです。また、外部からでも内部からでもユーザー認証の概念自体は一緒です。

　ネットワークにおけるユーザー認証には、大きく分けて2つの方法があります。

- 認証サーバによる認証
- ネットワーク機器単体による認証（ローカル認証）

認証サーバによる認証

　認証サーバは、ユーザー情報を一元管理します。ネットワークにアクセスしてくる端末から問い合わせがあった場合に、ユーザーIDとパスワードを用いたユーザー認証を行うシステムです。

　認証サーバを立てるケースとして、次の3つが挙げられます。

- 多数のユーザーを管理する必要がある
- 登録したユーザーごとに細かなアクセス制限を設定する必要がある
- ユーザーがアクセスを開始した時刻やログアウトした時刻などのログを採取する必要がある

　大規模ネットワークになればなるほどユーザーの数も増え、きめ細かな設定が必要です。誰がどれだけの時間ネットワークにアクセスしたのか記録することも必要です。このようなケースでは、必ず認証サーバをネットワーク上に設置する必要があります。

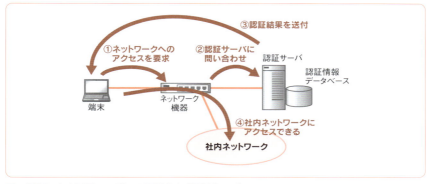

図　認証による不正ユーザーの侵入防止（認証サーバ）

ネットワーク機器単体による認証（ローカル認証）

　もう1つは、ネットワーク機器自体が持っている認証データベースで認証を行う方法です。ここでいうネットワーク機器とは、ルータやスイッチです。各装置のコンフィグレーションで設定ができ、低コストで導入ができるため、小規模拠点ネットワークに向いています。

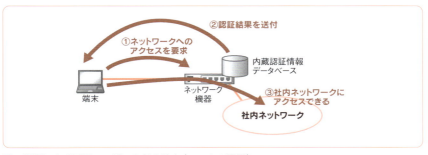

図　認証による不正ユーザーの侵入防止（ローカル認証）

情報データの暗号化

　ここまでいくつかのセキュリティ対策を説明してきましたが、現実問題として、ネットワークのセキュリティだけで情報資産を100%完全に守ることは困難です。ネットワーク管理者としては、最悪のことを考慮した対策も必要です。

　では、どうすればよいでしょうか？

　それには、重要な情報を暗号化し、情報自体にアクセスコントロールを施すようにします。

　企業の重要な情報、たとえば機密情報を、第三者が盗んでも利用できないようにすればよいのです。そのためにはデータ（ファイル）を暗号化するのが一番効果的です。暗号化ソフトなどを使ってファイルを暗号化し、ユーザー認証によって復号しなければデータが読めないようにします。

物理セキュリティ

　ネットワーク機器やサーバは、企業にとって重要な資産です。特に顧客情報が蓄積されているデータベースサーバなら、なおさらでしょう。これらはすべて、たいていマシンルームの中に存在します。

　このような現状をふまえ、ネットワーク管理者としては、マシンルームへの入場許可者を明確にし、非許可者の侵入を阻止することが不可欠です。そのためにも、物理セキュリティを全体で考えるのがより効果的です。

　次に、典型的な物理セキュリティの考え方を示します。入館者は各ゾーンで物理的なセキュリティ認証を受けることになります。

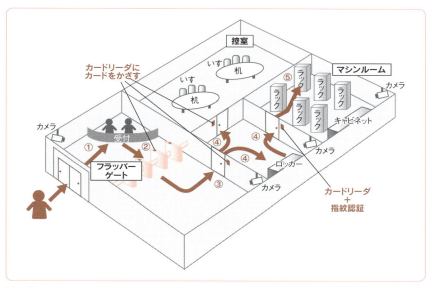

図　物理セキュリティ

第1関門　①総合受付

　来訪者は、入館にあたって事前届出の有無が確認されます。

　届出があれば、セキュリティカード（各フロアに入るための認証カード）を受け取り、フラッパーゲートに向かいます。届出がなければその場で手続きを行い、受付から訪問先の人へ確認も取ってもらいます。

　なお、入館者の行動は常時カメラで監視されます。

　また、社内関係者でかつそのビルに在席している人であれば、当然、総合受付は不要となります。第2関門であるフラッパーゲートからの認証手続きになると考えてください。

第2関門　②フラッパーゲート

　館内に入るには、フラッパーゲートを通らなければなりません。フラッパーゲートは、受付から受け取ったセキュリティカードをかざすことで認証

が行われ、ゲートが開きます。

セキュリティカードがない人は入館できません。

参考 ....

フラッパーゲートを発展させた機能として、社員がフラッパーゲートで認証したことをもって出勤扱いとする製品もあります。つまり、その時点でタイムカードを押したのと同じと考えてください。

そうすることにより勤怠管理もできますし、いつ、誰が、どこから、ビルに入館したのかを把握し、一元管理することができます。

第3関門　③カードリーダ

館内に入るために、セキュリティカードをドアのカードリーダにかざし、認証をします。認証に成功するとドアが開きます。

参考 ....

セキュリティカードは、訪問先のフロア専用のもの（5階へ行くのであれば、その階の扉しか開かない）とするのが一般的です。ほかの階へ行く際は、新たに総合受付で手続きをしなくてはなりません。

以前は年末年始の時期になると、営業さんのお得意先まわりが多かったものですが、受付の混乱を避けるため、企業側も訪問者に対して年末年始の挨拶は自粛するよう促すことも増えました。

ある意味、合理的ともいえますが、企業風土に変化をもたらすという別の側面での影響が感じられます。

第4関門　④カードリーダ（各フロア）

館内に入ると、次は行き先のフロアの入り口でセキュリティカードをドアのカードリーダにかざし、認証をします。

また、マシンルームへ入室する場合には、ドアの手前にあるロッカーに手荷物などすべてのものを預けるのがルールです。作業に必要なもの以外はマ

シンルームへの持ち込みはできません。カメラ付きの携帯電話、スマートフォンはもちろん、カバンもです。持ち込む際は事前の届出が必要となります。持ち込む書類などはクリアケースに入れ、マシンルーム内に設置してあるカメラから確認できるようにして中に入ることになります。

マシンルームに入室する際は、ドアにあるカードリーダの認証に加えて指紋による認証を行います。指紋認証は、あらかじめ指紋認証登録をした人しか認証されません。限られた人だけがマシンルームへ入室できるわけです。

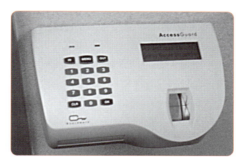

写真　指紋認証

第5関門　⑤ラックの施錠

マシンルームに入り、目的のラックのところまで行きます。今度はラックの鍵を開けなければなりません。19インチラックは、セキュリティの関係上、鍵がかかっているからです。その鍵を開け、管理している機器の作業に取り掛かります。

> **参考**
>
> データセンターやマシンルームによっては、装置から発する熱を考慮してラックのドアを外しているケースもあります。

内部に関するセキュリティについては、ネットワーク機器によるユーザー

認証も重要ですが、そもそも物理的な側面での仕組みも必要だということがご理解いただけたかと思います。

まとめ

この節では、次のようなことを学びました。

● 内部（社内）からでも、次のような犯行が発生することが考えられます。

　・不正侵入

　・情報の盗聴

　・なりすまし

　・情報の持ち出し

　・コンピュータウイルス

外部からの犯行との違いは、その侵入口がファイアウォールを越えてのものかどうかです。

● 内部ネットワークを守るために、「誰がネットワークを使うのか」という本人確認（ユーザー認証）が必要となります。

● ネットワークにおけるユーザー認証には、大きく2つの方法があります。

　・認証サーバによる認証

　・ネットワーク機器単体による認証（ローカル認証）

● 機密情報を第三者に盗まれるという最悪の事態に備えるには、データ（ファイル）を暗号化するのが一番効果的です。

● マシンルームへの入場許可者を明確にし、非許可者の侵入を阻止することが不可欠です。そのためにも、物理セキュリティを全体で考えるのがより効果的です。

CHAPTER 6

5 高度化するネットワーク活用に対応する

この節では、UTMと次世代ファイアウォールの特徴について学びます。

ここまで、ネットワークセキュリティの基本について解説してきました。この章の最後に、現在の新しいネットワークセキュリティの課題とその対策について解説します。

ファイアウォールからUTMへ

近年は、ウイルスやスパムメール、フィッシング詐欺、DoS攻撃など、さまざまな攻撃に対応するのは当たり前の時代となりました。そこで利用されるのが、外部からの侵入を検知する**IDS**（Intrusion Detection System：侵入検知システム）や、侵入検知から一歩踏み込んだ遮断機能を有する**IPS**（Intrusion Prevention System：侵入防止システム）、ウイルス対策、スパム対策を行うための製品です。これらはファイアウォールと違い、パケットのヘッダ部分だけでなく、データ部分の内容もチェックし、不正データと判断したパケットを遮断します。

ネットワークセキュリティの構成は、ファイアウォールに上記の機能を提供する複数の装置を連携させて運用するというスタイルが一般的になっています。通信事業者、大手企業や大規模ネットワークでは、大半がこのスタイルです。

しかし一方で、このようなスタイルでは、対策する機能ごとに製品ベンダーが異なると、複数の管理コンソールを使い分けなければなりません。個々の装置それぞれの機能の詳細な状態を把握することに時間と労力が費やされてしまうのです。これは装置を扱う技術者にとっても人材を管理する組織にとっても、

ネットワークセキュリティ上の大きな「落とし穴」となります。

　そこで登場したのが**UTM**（Unified Threat Management：統合脅威管理）です。UTMとはファイアウォールとVPN機能をベースに、アンチウイルス、不正侵入防御、Webコンテンツフィルタリングといった複数のセキュリティ機能が統合され、一元的に管理できる装置をいいます。

⇒ 実際の現場では、導入を検討するのは中堅・中小企業や中規模ネットワークであることが大半です。導入のメリットが中堅・中小企業では得やすいからです。特に中堅・中小企業においては、言葉に語弊があるかもしれませんが、優秀な技術者の確保とコスト面でIT投資にはシビアにならざるを得ない事情があるためです。

　UTMは1台に複数のセキュリティ機能を集約することにより、設定や管理の手間を簡素化し、導入の容易化、低い運用コストを実現できます。

　一方、その裏返しでさまざまな機能を1台に集約しているため、個別の機能や性能を比べるとUTMよりも単体製品（機能）ごとの構成のほうが性能や拡張性が高かったり、ユーザーの要望に応じた細かいセキュリティ機能が使えたりするケースが多いのは確かです。

アプリケーションコントロールの時代へ

アプリケーションの利用形態が大きく変化

　昨今、アプリケーションの利用形態が大きく変化し、特にWebブラウザを利用したさまざまなアプリケーション（Webアプリケーション）が増加し続けています。たとえばブログやFacebook、Twitter。これらは皆さんなじみがあるでしょう。さらにはIM（インスタントメッセージ）、ビデオストリーミング、オンラインゲームが**HTTP**を使用しています。

　こうした状況に対し、ポートベースでアクセス制御を行う従来型のファイアウォールでは対応できなくなっています。たとえばWeb閲覧を行うためにTCPプロトコルであるポート80番（http）と443番（https）を許可した場合、同じポートを使用するWebアプリケーションをブロックすることができません。また、SSL暗号化されたトラフィックについては、そのトラフィックがいったい

何なのか判別ができません。

図　FacebookやYouTubeなどのWebブラウザを利用したアプリケーションは、従来のファイアウォールでは制御できない

アプリケーションが「必要」か「不要」かの判断はユーザーや組織によって違う

このような状況で、ネットワークを管理する側の人としては、次のようなことを把握しておく必要があります。

- ネットワーク上でどんなアプリケーションが使用されているか
- ネットワークのどの場所で帯域が多く使われているか。また、ヘビーユーザーは誰か
- どこの国から来たトラフィックなのか（アメリカ？　中国？　北朝鮮？）

図　ネットワーク内を把握できていますか？

上記のことを把握できているとして、さらに考えるべき問題があります。それは「どのアプリケーションを許可するべきか」ということです。

たとえばYouTubeやSkype、Twitterなどです。Skypeはもともと一般向けに広まりましたが、今では企業においても簡易的なメッセージツールとして浸透しつつあります。また、SkypeやTwitterは東日本大震災の直後に大活躍した実例があります。震災直後、携帯電話がつながりにくい、携帯メールの送受信の遅延が大きかった、このような経験をした人も多くいたでしょう。震災直後の通信手段としてはSkypeやTwitterが一番安定して利用できていたのです。その時、SkypeやTwitterは単なる友人とのコミュニケーションツールから、家族や同僚、両親の生存確認などにも利用できる、社会的にも重要な位置付けになったと感じたのではないでしょうか？

そういった面を考えると、企業のネットワークを管理する人の立場からすると、企業で使ってもよいとするアプリケーションを判断するのが難しい時代になったといえます。

企業の抱える悩みは尽きませんが、大半は以下の3つに集約されます。

- YouTubeやFacebookなど業務に必要のないアプリケーションや、P2Pファイル共有ソフトなどセキュリティ上危険なアプリケーションだけを禁止したい
- 社内の開発部門や一般社員、ネットワーク管理部門などの立場ごとに、使用可能なアプリケーションを制御したい
- そもそも社内のネットワーク上に流れているアプリケーションデータや利用状況を視覚的に把握したい

つまり、現代のネットワークを保護するためにはアプリケーションレベルの識別と制御が必要になっています。

次世代のファイアウォールでは？

では、現代のネットワークを保護するためにはどうすればよいのでしょうか？

そこで登場したのが次世代ファイアウォールです。次世代ファイアウォールは、Webアプリケーションの可視化と制御ができます。つまり、Web閲覧を許可した状態で、同じポートを使用するWebアプリケーションの識別と制御ができます。具体的には、業務では関係のないFacebookやYouTubeは通さないけれどほかのWebアクセスは通す、といった検知や遮断ができ、きめ細かな運用管理が行えるようになります。

実際の次世代ファイアウォール製品は、ベンダーによって要件や考え方が違う部分もありますが、代表的な特徴としては次の5つが挙げられます。

①IPアドレスだけではなく、ユーザーやグループ（組織）単位で識別できる

②ポート番号やプロトコルではなく、アプリケーションによる識別ができる

③アプリケーションに埋もれて通過する脅威や重要データをリアルタイムで検知し、防御できる

④アプリケーションの優先度を決定できる

⑤ユーザーのアプリケーション利用状況の可視化およびアクセス制御を実現できる

そして、次世代ファイアウォールの動作は大きく次の3つからなります。

- 識別
- 分類
- 制御

まず、アプリケーションを識別します。前ページで挙げた特徴の①と②がこれにあたります。次に分類です。分類は、各企業で決められたセキュリティポリシーに沿って行われます。そして最後が制御です。前ページの特徴の③〜⑤となります。

以上の動作を次世代ファイアウォールの装置内部で行って、その先のネットワークへ流れることになります。

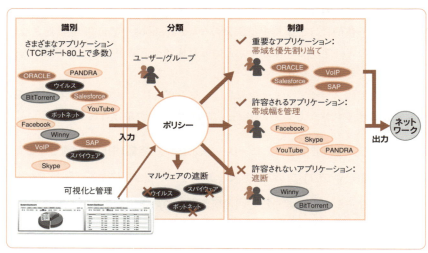

図　次世代ファイアウォールの動作

Column　標的型攻撃

　標的型攻撃とは、従来の既知の脆弱性を突いた攻撃やDoS攻撃と違い、明確な目的をもって行われるサイバー攻撃です。

　特定の個人や組織に対して、企業情報や金銭の不正取得、あるいは妨害などを目的として、従来のセキュリティ対策では対応できない巧妙な攻撃を仕掛けます。

　たとえば、特定のターゲット（以降、標的という）に対して、利害関係者から送られてきたと間違えるような文面の電子メールを送付し、URLをク

リックするよう誘導して不正サーバにアクセスさせることで、端末をウイルスに感染させます。

　または、標的が利用するWebサイトを不正に改ざんしたり、不正なサイトに誘導することで、端末の脆弱性を突いてデータを抜き取ったりします。

　ウイルスに感染した端末は、個人情報や機密情報を抜き取られたり、ネットワーク上のほかの端末への感染源とされたり、不正行為を行うための踏み台とされたりします。

　標的型攻撃で使用される攻撃メールや、未知の脆弱性を突いた攻撃、未知のマルウェアは、従来のセキュリティ対策をすり抜けて組織内ネットワークに侵入してきます。

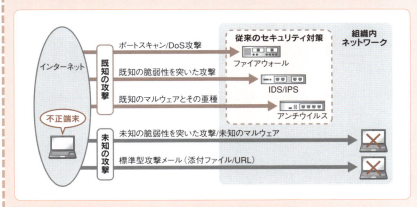

図　標的型攻撃には従来のセキュリティ対策では対応できない

　それらを防御するために使用するのが、標的型攻撃対策セキュリティアプライアンスです。これは、標的型攻撃メールや未知の脆弱性を突いた攻撃やマルウェアに対応した製品で、今後のセキュリティ対策には欠かせないものとなっています。

　標的型攻撃対策セキュリティアプライアンスの設定方法は、大きく次の2つがあります。

- タップモード
- インラインモード

　タップモードは、Webクライアントからプロキシサーバに流れるWeb通信をコピーし、標的型攻撃対策セキュリティアプライアンスで通信を解析します。他方、インラインモードは、Webクライアントからプロキシサーバの間に機器を設置し、通過するWeb通信を監視します。

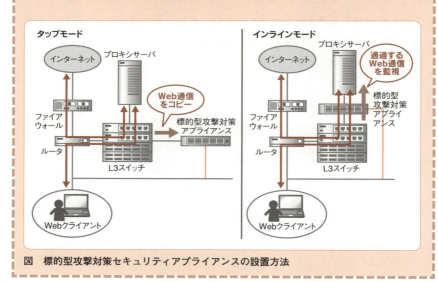

図　標的型攻撃対策セキュリティアプライアンスの設置方法

まとめ

この節では、次のようなことを学びました。

● UTMはファイアウォールを発展させた機器で、IDSやIPS、ウイルス対策、スパム対策などのセキュリティ機能を統合した製品です。さらにはVPN機能も有する製品が多く、この1台でインターネット接続、そして外部からのセキュリティ対策に至るまで一元的に対応できます。

● 次世代ファイアウォールが誕生し、アプリケーション単位での不正データの検知や遮断ができるようになりました。

● 次世代ファイアウォールの代表的な特徴は、次の5つです。

①IPアドレスだけではなく、ユーザーやグループ（組織）単位で識別できる

②ポート番号やプロトコルではなく、アプリケーションによる識別ができる

③アプリケーションに埋もれて通過する脅威や重要データをリアルタイムで検知し、防御できる

④アプリケーションの優先度を決定できる

⑤ユーザーのアプリケーション利用状況の可視化およびアクセス制御を実現できる

● 次世代ファイアウォールの動作は大きく次の3つからなります。

①識別

②分類

③制御

CHAPTER

7

VoIP超入門

VoIP（Voice over IP）、つまりIPを利用した音声デー
タのやり取りには、音声品質の確保などでネット
ワークに新しい機能が求められます。また、当然、
VoIPシステムのためのさまざまな装置が必要です。
本章では、VoIPに必要なプロトコルや構成要素、音
声品質の基礎知識について学びます。現在のネット
ワークに欠かせないVoIPの基本を身に付けましょう。

CHAPTER 7

1 VoIPの基礎知識

この節では、VoIPとIP電話の概要について学びます。

話をしたい相手が近くにいないとき、皆さんならどうしますか？

手紙を書きますか？　電子メールを書きますか？

急用でなく心を込めたいのであれば手紙かもしれませんが、今では電子メールにすることが多いでしょう。手紙の世界もIP化されています。もう1つ、忘れてはならないのが電話です。これらはすべて、人とのコミュニケーションのための手段です。また、ここまでに挙げた行為の前提条件は、相手が近くにいないということです。話したい相手が近くにいるなら、直接話に行けばよいからです（中には隣の席に人がいてもメモ代わりにメールを打つ人もいますが、電話はまずいないでしょう）。

電話もアナログからIPに、つまり、IP電話へと生まれ変わりました。一般家庭においても企業ネットワークでも、IP電話の利用は浸透しています。どちらもIPネットワーク網上に音声を載せて通話をする技術であるVoIP（Voice over Internet Protocol）を利用することに変わりはありません。

本章では、より奥の深い「企業ネットワークにおけるIP電話」という視点で話を掘り下げていきます。

「もしもし」をIP化する

広義の意味でのIP電話（IP電話のことをIPフォンと呼ぶ場合もあるが、本書ではIP電話で統一する）とは、VoIP技術を利用した電話サービス、およびそのネットワーク内にあるIP機能を持った電話機のことです。

VoIPは、インターネットや社内イントラネットといったIPネットワーク上で音声通話を実現する技術です。通話の際、電話機から送出される音声信号をデジタル変換し、パケットの形でIPネットワーク上を伝送します。つまり、人が話す「もしもし」という音声をIPパケット化し、ネットワークへ伝送します。IPパケット化され伝送されるということは、これまで学んできたOSI基本参照モデルの第3層であるネットワーク層のデータとして相手方へ送信されるということです。

　最終的に相手へ伝送されたデータは、相手側の電話機で再び元の音声信号へと復号されます。つまりアナログに戻され、「もしもし」という言葉が相手に届けられるのです。

IP電話を利用する方法

　IP電話がVoIPという技術を使って、通話したい相手にIPパケットを伝送するということは理解できたと思います。では、IPパケット化された音声を伝送するためのネットワークの部分はどうなっているのでしょうか？

　具体的には、次の3つの形態があります。

- インターネット網を使う
- 音声が通せる社内イントラネット網を構築する
- 通信事業者(キャリア)が提供するサービスを利用する

　1つ目のインターネット網を使う方法は、ネットワークインフラの部分に、一般家庭でも使っているインターネット網を使います。

　これを利用するには、通常のインターネット網を利用するときと同じで、ISPと契約します。ただしインターネット網ですので、せっかくIP化された音声も、網が輻輳すればパケットは破棄されます。パケットが破棄されると

7-1

VoIPの基礎知識

音声がとぎれ、相手の声が聞き取りづらくなります。「音声がとぎれる」とは、具体例としては、音声の発信者が「あいうえお」と言ったのを受け手が聞いたときに「あい・・えお」というように声が飛んで聞こえる状態をイメージしてください。導入の手軽さ（特に費用面）という面で、一般消費者向けです。

2つ目は音声が通せる社内イントラネット網を構築する方法です。音声が優先的に通せるネットワークインフラを自前で構築します。一昔前では音声交換機、最近ではVoIPサーバ（詳しくは後述）を自社で構えて運営します。ただし、WAN回線部分は通信事業者から借りることになります。

つまり、企業内の専用ネットワーク網です。音声品質を確保するためのQoSポリシー注1を自社内で自由に設計できます。インターネット網と違い、ネットワークが輻輳した場合でも、重要パケットを優先的に送信することでパケットロスを最小限に抑えることができます。ビジネス上、音声の品質確保が欠かせない企業向けです。

⇒ 優先制御機能についてはp.247で解説します。また、輻輳が音声品質に与える具体的な影響についてはp.265で解説します。

3つ目は通信事業者（キャリア）が提供するサービスを利用する方法です。2つ目の「音声が通せる社内イントラネット網を構築する」との大きな違いは、音声交換機やVoIPサーバを自社で構えないという点です。通信事業者の設備を利用します。

設備は、通信事業者やシステムインテグレーター（SIer）が管理しているデータセンターに置かれ、一定の空調設備やセキュリティが確保された環境で運用管理されます。企業の構内には、IP電話機やルータなどの端末のみが残るシンプルな構成となります。

これは、たとえばガス、電気、水道と同じように、音声もサービスとして利用すると思えばよいでしょう。

注1）QoS（Quality of Service）ポリシーとは、どの種類の通信にどれだけ品質を確保するかの方針のことです。

ただし、共用サービスのため、自前設備のように希望するすべてのサービスが利用できるとは限りません。提供側で決められたサービスメニューの中から選択することになります。この点では一般家庭の電話と同じです。

まとめ

　この節では、次のようなことを学びました。

- VoIPはIPネットワーク網上に音声を載せて通話をする技術です。
- 広義のIP電話とは、VoIP技術を利用した電話サービス、およびそのネットワーク内にあるIP機能を持った電話機のことです。
- VoIPの利用形態には、次の3つがあります。

　　・インターネット網を使う

　　・音声が通せる社内イントラネット網を構築する

　　・通信事業者(キャリア)が提供するサービスを利用する

CHAPTER 7

 IP電話の構成要素

この節では、IP電話の構成要素について学びます。

　まずはIP電話システムの全体像を確認しましょう。
　大規模拠点では、音声サーバはマシンルーム内に設置されます。各IP電話は、その音声サーバを経由して通話をします。

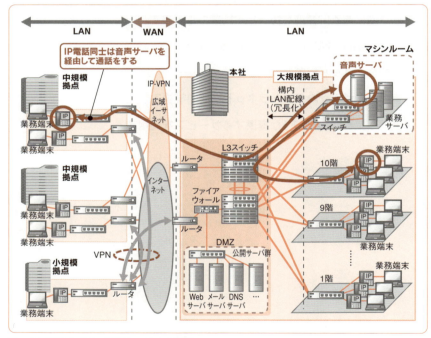

図　大規模拠点でのIP電話システムの通信フロー

　中規模拠点の通信フローは、大規模拠点と同じです。次の図では、ビル構

内にあるIP電話同士の通信フローの例を示しています。

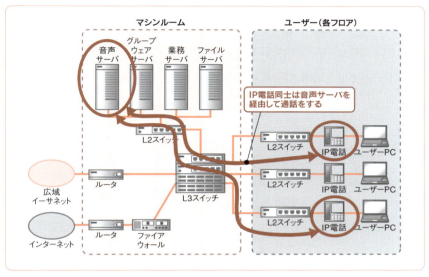

図　中規模拠点でのIP電話システムの通信フロー

　小規模拠点には、音声サーバがありません。大規模拠点や中規模拠点のような主要拠点に設置してある音声サーバをいったん経由して、通話が行われます。

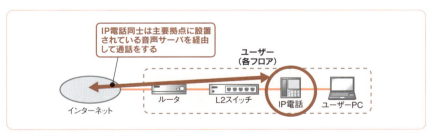

図　小規模拠点でのIP電話システムの通信フロー

　それでは、IP電話の構成要素について概観しましょう。

ポイント

- IP電話の構成要素は、端末、IPネットワーク網、サーバの3つに大別されます
- 端末とは、VoIPゲートウェイ、IP電話機、ソフトフォンをいいます
- サーバとは、VoIPサーバ(IP-PBX、SIPサーバ)のことをいいます。音声サーバともいいます

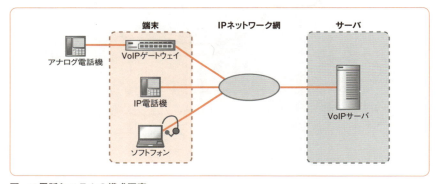

図　IP電話システムの構成要素

登場人物

- アナログ電話機

  IP機能を持たない電話機。一般家庭用電話機と同等の機能を有します。

- VoIPゲートウェイ

  アナログ電話機をIPネットワーク網へ接続するための装置です。

- ソフトフォン

  PC上にソフトウェアをインストールして、PCをIP電話機として使用します。

図　ソフトフォン画面

- IP電話機

    IP機能を持った電話機です。IPネットワーク網へ直接接続できます。現場ではソフトフォンと区別するためにハードフォンとも呼ばれています。

写真　IP電話機
NEC製（左）、シスコシステムズ製（右）

写真　IP電話機の設置イメージ

写真　シスコシステムズ製IP電話機の背面

写真　シスコシステムズ製IP電話機の背面には、
　　　LANポートが付いている

- IPネットワーク網

　IPネットワークで構築されたネットワークインフラ網です。

- VoIPサーバ

  音声の呼制御（電話の接続や切断の処理）を行う、端末情報などを保有したサーバです。音声サーバともいいます。

写真　VoIPサーバ

機能概要

<u>端末</u>は、音声であるアナログ信号をIPパケットへ変換し、端末間を接続するための信号を制御します。

<u>IPネットワーク網</u>は、主に音声パケットの優先制御機能や帯域を保証する機能です。音声品質を保証するのが狙いです。

<u>サーバ</u>は端末を認証する機能です。電話機から発信される電話番号をIPアドレスに変換するアドレス変換機能を持っています。電話番号とIPアドレスの対照表がそれに使われます。

ここからは、それぞれの役割を細かく整理していきましょう。

人の声をIPネットワーク網へ流す

人の声をIPネットワーク網へ流す方法は、大きく分けて3つあります。

1つ目は、<u>アナログ電話機とVoIPゲートウェイ</u>の組み合わせです。ここで、

アナログ電話機と聞いてもピンと来ない人もいるでしょう。具体的には皆さんが自宅で使っている固定電話機をイメージしてください。つまり、ホームセンターや家電量販店で売っている電話機のことです。

2つ目は、電話機自体をIP化してしまう方法です。アナログ電話機をやめて、IP電話機にしてしまうのです。IP電話機は、UTPケーブルを用いてIPネットワーク網へ直接接続できます。現場ではハードフォンとも呼ばれています。

3つ目はソフトフォンです。PC上にソフトウェアをインストールし、PC自体をIP電話機として使用する方法です。

これら3つの方法を、現場の視点から詳しく解説していきます。

アナログ電話機をIPネットワーク網に参加させる

IP電話における端末の役割は、アナログである音声信号をIPパケット化することです。

アナログ電話機から発せられる音声は、アナログ信号のままです。当然、IPで構築されたネットワーク網に参加することができません。つまり、アナログ電話機はIPネットワーク網に直接接続できません。さて、どうすればよいのでしょうか？

この場合は、アナログ電話機とIPネットワーク網の間にVoIPゲートウェイを設置します（実際は音声交換機が介入）。VoIPゲートウェイとは、アナログ電話機をIPネットワーク網へ接続するための装置です。VoIPゲートウェイを設置することにより、アナログ電話機からの音声をIPパケットに変換し、IPネットワーク網を通じて流すことができます。

以前は、この方法が音声をIP化する第一歩でした。しかし、今では電話機や音声交換機自体もIP化する傾向となり、ここで説明する構成は少なく

なくなりつつあります。ただ、予算の関係で既存アナログ電話機も既存の交換機も流用したい、という要望があった場合の苦肉の策としては有効でしょう。

まとめると、次の公式で表せます。

アナログ電話機 ＋ VoIPゲートウェイ ＝ IP電話

図　構成図

Ciscoルータも設定次第でVoIPゲートウェイになれます。VoIPに対応するIOSを搭載したCiscoルータであれば、VoIPのコンフィグレーションを投入することにより、VoIPゲートウェイとして動作させることができます。

ただし、前提条件として、Ciscoルータ（写真「VoIPゲートウェイ」の一番上段の装置）に音声モジュール（次ページの写真「音声モジュール」）を搭載する必要があります。これによりVoIPゲートウェイになります。

写真　VoIPゲートウェイ（上段）
ルータ本体に音声モジュールを搭載することよりVoIPゲートウェイとなる。

写真　音声モジュール
音声モジュールを拡大したところ。

電話機も含めて音声をオールIP化

　つづいて2つ目は、VoIPサーバであるIP-PBXを導入し、電話機を含めてIP化してしまう方法です。音声ネットワーク上に存在するアナログ電話機を取り払い、IP電話機にしてしまうのです。

　端末の役割である、「音声のアナログ信号をIPパケットへ変換し、端末間を接続するための信号を制御する機能」を、IP電話機自身に持たせます。電話機本体がIP化されているので、IPネットワーク網へ直接接続できます。

　またIP電話機は、後ほど説明するソフトフォンと区別するために、現場ではハードフォンとも呼ばれています。

　この方法は、前述のVoIPゲートウェイを導入する方法からさらに踏み込んだVoIP化です。一般的に、VoIPの導入には2つのパターンが考えられます。1つは従来の音声交換機を残したい場合です。この場合は、まず手始めにVoIPゲートウェイを導入してVoIP化を図り、次のステップとしてIP-PBXを導入してフルIP化する流れとなるでしょう。もう1つは、既存の音声交換機の老朽化やリース期間満了にともなう場合です。その際は、いきなりIP-PBXを導入するケースもあるでしょう。

音声以外の通信への影響は？

次の写真は、ユーザーの視点に立って見ると、「机の上にIP電話機とPC端末がある」だけで終わってしまうでしょう。

写真　PCとIP電話機

しかし、われわれネットワークに携わる者としては、その裏側を知らなければなりません。

IP電話機はどのネットワークに所属しているのか

ある日突然、机の上にPC端末以外のもの、つまりIP電話機が設置されることになりました。さて、音声以外の通信はどうなるでしょう？　ここで仮に、IP電話機をPC端末と同じネットワーク（同じVLAN）にそのままつなぎ、IPネットワーク網へ音声を流すとすると、ほかの通信に影響を与えることになります。具体的には、大量のデータが流れることにより、パケットの破棄が生じるようになります。一般のデータであれば再送してくれればよいでしょう。しかし、音声パケットはそうはいきません。

では、通信の品質を保つにはどうすればよいでしょうか？

解決策は、音声用とデータ用でネットワークを論理的に分けることです。つまり、VLANを分けます。

配線はどうなっているのか

また、物理的な側面では、2つの接続方法があります。

- スイッチへPC端末とIP電話機を「直列」につなぐ
- スイッチへPC端末とIP電話機を「並列」につなぐ

1）スイッチへPC端末とIP電話機を「直列」につなぐ方法

直列につなぐと、次の状態になります。

図　直列の構成

IP電話機には、イーサネットのポートが2つあります。スイッチ向けとPC端末向けのポートです。

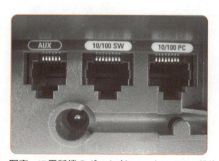

写真　IP電話機のポート（シスコシステムズ製）

真ん中のポートにスイッチからのUTPケーブルが接続される。また、右のポートにPCからのUTPケーブルが接続される。

それぞれのポートを使うことで、PC端末とIP電話機をつなぎ、スイッチへ直列に接続します。IP電話機を仲立ちとして、PCとスイッチへそれぞれケー

ブルが向かっています。

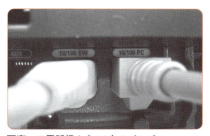

写真　IP電話機からPCとスイッチへ
UTPケーブルの接続イメージ。左がシスコシステムズ製品、右がNEC製品。

　実際の現場では、PC端末向けとスイッチ向けのケーブルの色は分けることが鉄則です。一目でどこ向けかわかるからです。もし、色分けをしておかないと、引っ越しやちょっとしたIP電話機の移動の際に、いちいちIP電話機の背面のケーブル接続部分を確認しなくてはなりません。

　また、この接続をすることにより、VLAN分けも行っています。

図　直列の構成とVLAN分けイメージ

①データ用VLAN

　通常のデータ用VLANです。

②音声用VLAN

　音声用のVLANで、データ用VLANより優先的に扱います。

③トランクリンク

　データ用VLANと音声用VLANを束ねてIPネットワークへ送り出します。

2) スイッチへPC端末とIP電話機を「並列」につなぐ方法

並列につなぐと、次の状態になります。

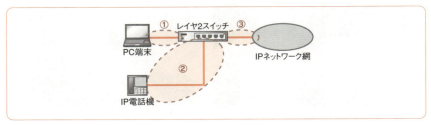

図　並列の構成とVLAN分けイメージ

①データ用VLAN

通常のデータ用VLANです。

②音声用VLAN

音声用のVLANで、データ用VLANより優先的に扱います。

③トランクリンク

データ用VLANと音声用VLANを束ねてIPネットワークへ送り出します。

先ほど説明したとおり、IP電話機にはイーサネットのポートが2つあります。しかし、今回の構成ではPC端末とIP電話機を並列につないでいますので、IP電話機はスイッチ向けのポートのみを使うことになります。他方、PC端末もスイッチと直接つながることになります。

後は、スイッチ側でそれぞれのVLANを束ねて、IPネットワーク網へ送り出します。

> **参考**
>
> ここまで説明した2つの接続方法のうち、実際には「直列」につなぐ構成を推奨します。PC端末をスイッチのポートに直接接続しないため、最小限のスイッチのポート数でIP電話システムを構築できるからです。

電話機をネットワーク上から消す

　3つ目の方法は、電話機の機能をPCに持たせるソフトフォンです。PCにソフトウェアをインストールし、IP電話機にします。操作の仕方は、PCの画面上で数字のボタンをクリックし、電話をかけます。

　ハードウェアの電話機は机の上から姿を消し、PCの中にソフトウェアとして存在することになります。皆さんの机のスペースは広くなり、ヘッドセットなどを着ければフリーハンドで仕事ができるようになるというわけです。

　ただし、現実の世界、実際の現場では課題があります。それはPC本体の電源を落としている場合は、ソフトフォンのアプリケーションも起動していない状態だということです。つまり、電話機の電源が入っていないのと同じです。ソフトフォンは、常に通話ができる状態ではないということです。

　世の中には携帯電話が普及しているし、あまりシビアに考えることはないと思う人もいるかもしれません。しかし、電話をかけてくるお客様にすれば連絡が取りづらく、顧客満足を低下させる可能性があります。

　確かにIP電話機は値段が高いため、すべての電話端末をソフトフォンにすればコスト面における効果は絶大です。企業の経営者としては願ったりかなったりでしょう。しかし、ユーザーにとっては実運用で難しい局面があることは否めません。したがって、先述したハードフォンと併用するのが現実的です。たとえば、グループごとに1台ないしは2台のハードフォンを設置するのです。これで大方の懸念事項は解消されます。

音声信号がIPパケットへ変換されるまで

　ここまで、VoIPの世界における「端末」の位置付けと具体的な種類、その役割の概略を解説してきました。まとめると、VoIPの世界における端末の役割は、アナログ信号をIPパケットへ変換し、端末間を接続するための信号を

制御することです。

では、音声のアナログ信号をIPパケットへ変換する、という行為の手順について具体的に見てみましょう。

音声信号がIPパケット化されるまでの流れ

①アナログ音声信号をデジタル化し、圧縮する

②効率のよい伝送となるような長さの単位にまとめる（フレーム化）

③宛先のアドレスなど、転送に必要な制御情報（ヘッダ）を付加する（パケット化）

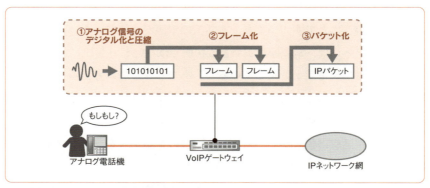

図　音声信号がIPパケット化されるまでの流れ

①で圧縮を行う理由は、伝送する音声パケットの使用帯域を小さくするためです。VoIPの世界では、どれだけ圧縮するかで同時に使用できる音声チャネル数が変わります。ただし、圧縮率を上げすぎると音声品質に影響が出ます。逆に圧縮率を弱めると音声品質は向上しますが、帯域を多く消費し、ネットワーク全体に影響が出ます。

⇒ 圧縮率と音声品質についてはp.262で解説します。

②では、①で圧縮した音声信号をどれくらいの間隔でフレーム化するかを

指定します。これにより、パケットとして送出する間隔（送出周期）に従ってフレームを積み込みます。その後、宛先アドレスなどの転送に必要な制御情報（ヘッダ）を付加してパケット化し（③）、IPネットワーク網を介して相手に届けられます。

端末だけでもVoIP環境は作れる

VoIP環境を構築するのにVoIPサーバは絶対に必要でしょうか？　そんなことはありません。端末（VoIPゲートウェイ）自身が相手端末のIPアドレスと電話番号情報を持っていれば、VoIPサーバを経由することなく直接、端末同士で通話できます。

ただし、端末（VoIPゲートウェイ）内に、音声通信をしたい相手のすべての情報（電話番号とIPアドレスの対照表）を登録する必要があります。音声通話をしたい相手が増えれば増えるほど設定が大変になりますし、管理面でも煩雑になります。中小規模ネットワークでは問題ありませんが、大規模ネットワークには適しません。VoIPサーバを導入しましょう。

以上が、VoIPネットワークの端末の役割です。つづいて、端末同士をつなぐ、VoIPのためのIPネットワーク網の役割について解説していきます。

VoIPの肝、IPネットワーク網で音声品質を確保する

皆さん、一般の道路で後方から救急車やパトカーがサイレンを鳴らして走ってきたらどうしますか？　車の運転をする人はもうおわかりですね。自分の車を左に寄せて停止させます。救急車やパトカーは緊急時において、一般車両より優先だからです。一般車両を停止させてでも、救急車やパトカー

を先に目的地に行かせます。

　IPネットワーク網の世界でも同様に、必ず優先させたいパケットがあります。その1つが音声パケットです。つまり、先ほどのお話での道路上における救急車やパトカーの位置付けです。人の声である音声は、パケットロスによる再送が許されません。

正常動作

自分（発信）側　　　　　　　　　　相手（受信）側

「きんきゅうじたいはっせい」　→　「きんきゅうじたいはっせい」

①②③④⑤⑥⑦⑧⑨⑩⑪⑫　→　　①②③④⑤⑥⑦⑧⑨⑩⑪⑫

パケットロス発生

自分（発信）側　　　　　　　　　　　相手（受信）側

「きんきゅうじたいはっせい」　→　「きんきゅうじ・・はっせい、、、たい」

①②③④⑤⑥⑦⑧⑨⑩⑪⑫　→　　①②③④⑤⑥・・⑨⑩⑪⑫、、、⑦⑧

　上記のように⑦⑧の箇所（「たい」の部分）で、パケットロスが発生したとします。相手（受信）側は、パケットロスをしたパケットを受信しても、話を理解できないでしょう。再送という形で「たい」というパケットが届いたとしても、かえって混乱を招くだけです。

　VoIP環境において**IPネットワーク網**の最大の役割は、音声パケットを単に相手端末まで届けるだけでなく**効率的に届ける**ことです。音声パケットを効率的に転送することで、音切れなどの音声品質劣化の要因（音声パケットの遅延やパケットロス）を最小限にすることができます。

　音声パケットを効率的に転送する方法はいくつかありますが、ここでは代表的な方法である**絶対優先制御**と**帯域制御**の2つを紹介します。

絶対優先制御

特定のパケットを、ほかの一般のパケットよりも必ず優先的に送信します。ほかの通信に影響が起きようがかまいません。緊急時における救急車やパトカーと同じ扱いです。

絶対優先制御において、特定のパケットとは、音声パケットや映像データなどの優先させなければ通信が成り立たないパケットです。ビジネスで絶対優先となる基幹業務アプリケーションもこれに含まれます。他方、一般のパケットとは、Webなど再送がある程度許されるものです。

実際、この技術を導入すると、魔法のごとく音声パケットのロスを回避でき、音声品質が確保できます。驚きです。その半面、ネットワークが輻輳しだすと、音声パケットが流れている間は一般パケットが送信されないという事態に陥ることは頭に入れておきましょう。

帯域制御

あらかじめ通したいアプリケーションの重み付けをし、その割合でネットワークの帯域を確保する技術です。具体的には、どうしても必要なだけ音声帯域を確保し、残りの帯域に一般のパケットを割り振るのが一般的です。たとえば、音声とビデオストリーム50%、業務用アプリケーション20%、その他30%という具合に設定します。

絶対優先制御のように、音声パケットが流れている間は一般パケットが送信されないという事態に陥ることは避けられますが、音声品質が必ず確保されるとは限りません。

確かに今の時代、音声だけがすべてではありません。ビジネスで電子メールやWebが使えないとなると、職場は大騒ぎになります。それだけネットワークインフラが重要視されてきたという証拠です。

誰にとって、どこで、何が重要なのか。また、どのようにパケットを優先

したいのか。ポリシーを策定することは重要です。IPネットワーク網は、単に相手へパケットを届けるだけの役割から、策定したポリシーに基づいて効率的にデータ転送を行う役割へと変化しています。

　特に音声ネットワークの世界では、音声品質を確保しなければなりません。このことはVoIPにおける肝といえるでしょう。

電話番号とIPアドレス情報を集中管理

　「端末だけでもVoIP環境は作れる」という項の中で、音声通話をしたい相手が増えれば増えるほど、設定の作業が増えたり管理面でも煩雑になると述べました。では、何が大変で何が煩雑になるのでしょうか？　具体的に掘り下げていきましょう。

状況

- あなたは本社を含む10拠点を統括するネットワーク管理者
- VoIPサーバを導入していない（アドレス管理を端末であるVoIPゲートウェイ自身で行っている）

　ここでいうアドレス管理とは、電話番号とIPアドレスの対照表の管理のことです。

状況変化

　ある地方拠点が開設になり、音声を含めたネットワークの増設作業が発生しました。

　どんな作業が必要となるでしょうか？　少し考えてみてください。

答え

　新規増設拠点のVoIPゲートウェイの設定はもちろん、既存の10拠点すべてに対し、アドレス管理情報を追加設定しなければなりません。

　たかが1拠点の増設作業でこのありさまです。これが20や30拠点になったらどれだけ大変かおわかりでしょう。

　ここでは、大規模ネットワークには必ず導入される、VoIPサーバの役割について解説します。

VoIPサーバの役割

- 不正なアクセスを防止するために端末を認証する

- ネットワークの運用管理を効率化するためにアドレス情報を集中管理する

- 音声をIPネットワークに通すために電話番号からIPアドレスへと変換する

　VoIPサーバは、登録されていない端末からの不正なアクセスを防止するために、端末を認証する機能を持っています。

VoIPサーバにおける端末認証の流れ

①VoIPサーバにあらかじめ端末情報を登録しておく

②端末は電源投入時などに、端末自身のアドレス情報を登録するようVoIPサーバに要求する

③①であらかじめ登録した端末情報と照合し、正規の端末であると確認できたら受信したアドレス情報を登録する

　以上で、あらかじめ登録されていない端末からの不正なアクセスを防止することができます。

また、VoIPサーバはアドレス情報を集中管理し、電話番号からIPアドレスへの変換を行う管理表を持っています。VoIPサーバがすべての端末のアドレス情報を保有しているため、通話をする際はすべてVoIPサーバを通る形となります。一極集中型です。

　大規模なネットワークでは、VoIPサーバでアドレス情報を集中管理させるケースが大半です。各端末からの要求に応じてVoIPサーバがアドレス変換を行うことで、各端末の側でアドレスの追加や変更作業を行う必要がなくなります。ネットワーク全体の統制面においても有効です。端末数が多い場合や、アドレスの変更が頻繁に行われる場合には、VoIPサーバでアドレス情報を集中的に管理するのが最も効率的なやり方です。

　以上で、IP電話の基本構成である端末、IPネットワーク網、サーバの話は終了です。IP電話の世界の全体像はつかめましたでしょうか？

送信側と同じ間隔で再生する必要がある

　音声には、リアルタイム性が求められます。言い換えると、発信元と同じ間隔で受信側が音声を再生する必要があります。さもないとジッタによる影響で、音声の途切れが発生するからです。ジッタとは、受信側に到着するパケットの間隔が一定ではなくバラバラに届く現象のことをいいます。また、ジッタのことを「揺らぎ」ともいいます。実際の現場では両方の言い方をします。現場で作業する方や、お客様とお話をする方は、「ジッタ」と「揺らぎ」の両方の言葉を覚えるようにしましょう。

ジッタ（揺らぎ）のイメージ

- 正常時

「お　は　よ　う　ご　ざ　い　ま　す」

250

- ジッタ（揺らぎ）発生

「お は よう ご　　　ざ い　　ます」

このように、音声はデータの即時性が必要となる通信です。遅延に敏感な通信なのです。また、遅延の原因としては、中継装置の処理能力による場合もありますが、ネットワークの混雑が一番の原因です。

⇒ 対処方法も含め、p.262で詳しく説明します。

ここでは、リアルタイム性のあるデータをネットワーク上で転送するためのプロトコルを簡単に紹介しておきます。

RTP

RTP（Real-Time Transport Protocol）は、次のような特徴を持つプロトコルです。

- リアルタイム性のあるデータをネットワーク上で転送するのに適している
- エンドツーエンドのネットワーク転送機能を提供する
- 通常はトランスポート層のプロトコルにUDPを使用する
- 品質保証をしない
- 制御用にRTCPを使用する

RTPは、リアルタイム音声（メディア）データをRTPパケットで運びます。RTPパケットは、音声（メディア）データにRTPヘッダを付与し、UDP/IPで転送します。

RTPは、トランスポート層のプロトコルにフロー制御を提供しないUDPを使用しています。そのため、データ転送のサービス品質を少しでも補うためにRTCPという制御プロトコルを使用します。

⇒ UDPは、OSI基本参照モデルの第4層にあたるトランスポート層に位置し、高速な転送を行うプロトコルです。

7
2

I P 電 話 の 構 成 要 素

251

RTCP

RTCP（RTP Control Protocol）の主な機能を次に示します。

- パケットロス、ジッタをモニタする
- RTPセッションの接続数に応じて通信速度を制御する
- RTPの送受信側でRTCPパケットを定期的に交換する

「こんにちは」をデジタル信号に

VoIP環境では、音声はアナログ信号のままでは運べません。音声をアナログからデジタルへ変換し、IPネットワーク網を通します。また、音声を相手側に届けるためには、その逆の変換もしなくてはなりません。これをコーデック（音声符号化／復号）といいます。

代表的なコーデック（音声符号化／復号）方式は次の2つです。

G.711

音声を64kbpsのデジタルデータに変換する方式です。ネットワークの帯域に余りがあり、高音質を求めるときに採用されます。

G.729a

音声を8kbpsのデジタルデータに変換する方式です。音声品質はG.711より劣りますが、帯域を節約したいときに採用されます。以前は、VoIPネットワークのWAN部分の帯域幅がLANと比べて狭いときなどに、WAN部分にこちらの方式が採用されていました。

このほか、最近では品質を改善したG.722も使われるようになってきています。

まとめ

この節では、次のようなことを学びました。

- IP電話の構成要素は、端末、IPネットワーク網、サーバの3つに大別されます。

- 端末とは、VoIPゲートウェイ、IP電話機、ソフトフォンをいいます。

- サーバとは、VoIPサーバのことをいいます。

- VoIPゲートウェイは、アナログ電話機をIPネットワーク網へ接続するための装置です。

- ソフトフォンは、PC上にソフトウェアをインストールして、PCをIP電話機として使用します。

- 端末は、音声であるアナログ信号をIPパケットへ変換し、端末間を接続するための信号を制御します。

- IPネットワーク網では、絶対優先制御機能や帯域制御機能によって音声品質を保証します。

- VoIPサーバは、端末を認証する機能や電話機から発信される電話番号をIPアドレスに変換するアドレス変換機能を持っています。

- 社内イントラネットでは、音声以外の通信への影響を避けるために、音声用とデータ用で論理的にネットワークを分けます。

- 音声信号がIPパケット化されるまでの流れは、次のとおりです。

  ①アナログ音声信号をデジタル化し、圧縮する

  ②効率のよい伝送となるような長さの単位にまとめる（フレーム化）

  ③宛先のアドレスなど、転送に必要な制御情報（ヘッダ）を付加する（パケット化）

● リアルタイム性のあるデータをネットワーク上で転送するためのプロトコルにはRTP（Real-Time Transport Protocol）とRTCP（RTP Control Protocol）があります。

● 音声をアナログからデジタル（またはその逆）へ変換することをコーデック（音声符号化／復号）といいます。代表的なコーデック方式としては、G.711、G.729a、G.722があります。

CHAPTER 7

3 VoIPシグナリングプロトコル

この節では、相手の電話を呼び出すVoIPシグナリングプロトコルについて学びます。

VoIPシグナリングプロトコルとは、通話相手の場所を特定したり、通話相手を呼び出したりといった、通信を利用する環境を整えるための手順を規定したものです。

VoIPサーバをはじめ、現在のVoIPシステムのシグナリングプロトコルとしては、SIP（後述）が主に使用されています。このような状況下では、エンジニアではなくともお客様の使っているシステムの仕様概要ぐらいは聞き取れるようにしたいものです。たとえば、SIPサーバを既に導入済みかどうかだけでもヒアリングできれば、商談もスムーズに行えます。

それでは、各種VoIPシグナリングプロトコルの概要を学びましょう。

そもそもVoIPシグナリングプロトコルとは

電話の利用シーンにおいて、相手と通話をする前に何をしますか？　相手の電話を呼び出さなければなりませんね。

一般的に、受話器を上げればすぐに話ができるわけではありません。

通話までの大まかな流れは、以下のとおりです。

①通話相手の電話番号を押す

②通話相手の電話が鳴る

③通話相手が応答する

④通話が始まる

　VoIPの世界でも同様です。①から③までの手順を踏んで、呼のセッションを確立する必要があり、そのための手順が規定されています。これがVoIPシグナリングプロトコルです。

　つまり、VoIPシグナリングプロトコルとは、

　①通話相手を特定してセッションを確立し

　②通話相手を呼び出す

ための手順を規定したものです。

　次の図のように、VoIPシグナリングプロトコルを使って、「通話相手を特定してセッションを確立したり」「通話相手を呼び出したり」します。

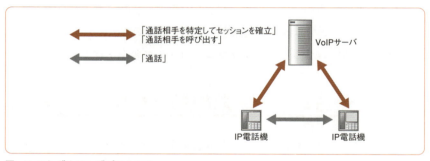

図　**VoIPシグナリングプロトコル**

　現在、VoIPで利用される主なシグナリングプロトコルはSIPです。ここからはSIPについて解説していきます。

現在主流のプロトコル　SIP

SIP（Session Initiation Protocol）は、汎用のセッション制御プロトコルとして開発されました。IP電話のセッションの開始、変更、終了などの操作を行うためのプロトコルで、インターネット技術の標準化団体であるIETFで標準化されています。

SIPの構成要素

SIPの構成要素は、大きく分けて次の3つがあります。

- SIPユーザーエージェント
- SIPサーバ
- アプリケーションサーバ

●SIPユーザーエージェント

SIPユーザーエージェントとは、SIPプロトコルを実装し、セッションの確立や維持、解放が可能な装置をいいます。具体的には、SIPプロトコルに対応したIP電話機（SIPフォンともいう）やSIPソフトフォンです。

●SIPサーバ

SIPサーバは、SIPユーザーエージェントのアドレス情報の登録や削除、変更とメッセージの橋渡しを担います。

●アプリケーションサーバ

SIP環境の特徴として、アプリケーションサーバの連携があります。SIP環境における代表的なアプリケーションサーバには、インスタントメッ

セージやプレゼンスといった機能があります。インスタントメッセージとは、短いメッセージのやり取りをリアルタイムに行う機能です。また、プレゼンスは、電話をかける前に相手の在席状況を把握できる機能です。

SIPの基本動作

SIPの基本動作の大きな流れは、以下のとおりです。

①SIPサーバへのSIPユーザーエージェントの登録

②SIPセッションの確立

③SIPユーザーエージェント間の通話

④SIPセッションの終了

SIPフォンは、電源投入の際、SIPサーバに対して自身のアドレス情報を送信します。

SIPサーバは、SIPフォンのIPアドレス情報を登録し、位置情報を把握します。また、SIPフォンからの通話要求の受付の際には、相手先のSIPフォンに対してセッションの確立と切断を行い、SIPメッセージの中継役をします。

Column H.323

H.323は、IPネットワーク網上でマルチメディア通信サービスを実現するための標準規格として1996年にITU-T（国際電気通信連合電気通信標準化部門）によって規格化されたものです。現在のようにSIPサーバが一般的になる前は、H.323を実装したIP電話機やゲートウェイ装置でVoIP環境を構築するのが主流でした。H.323は、IPネットワーク上で音声、映像、データといったメディアを流すのになくてはならないものでした。

H.323を使用したVoIPネットワークの構成装置として、H.323端末、ゲートウェイ、ゲートキーパ、MCU（Multipoint Control Unit）の4つがあります。

258

H.323端末とは、実際にユーザーが利用するソフトフォンやIP電話機のことです。音声信号とIPパケットの変換機能を有します。VoIPネットワーク（IP電話）における端末の位置付けです。

　ゲートウェイは、アナログ電話機とIPネットワーク網間の音声信号とIPパケットの変換を行います。H.323端末同様、VoIPネットワークにおける端末の位置付けです。

　ゲートキーパは、H.323端末登録の受け付け、端末のアクセス許可、電話番号とIPアドレスの変換などを行います。VoIPネットワークにおけるサーバの位置付けです。

　MCUは、多地点間通信を実現するための通信制御装置です。多地点間通信のイメージとしては、テレビ会議を思い浮かべればよいでしょう。

Column 大規模VoIPネットワーク向けのMegaco/H.248とMGCP

　従来の電話交換機は、1つの大きなフレーム（シャーシともいう）の中に、いくつものパッケージ（ハードウェアの基板のようなもの）を搭載し、1つのシステムとして組み上げたものが主流でした。

　パッケージには、ISDN回線の機能を持ったものや一般加入者電話用などがあり、それぞれユーザーが必要とするサービス機能の分だけフレームにカードを搭載し、音声サービスとしてユーザーに提供していたわけです。今でもベンダー固有のIP-PBXは同様の形態です。

　Megaco/H.248とMGCPでは、従来の交換機が行ってきたことを、サーバがソフト的に行います。つまり、ソフトスイッチと呼ばれるアーキテクチャになります。

ポイント

- MGCPとMegaco/H.248はソフトスイッチと呼ばれるアーキテクチャ

- 従来の電話交換機の機能をIPネットワーク上に分散配置した基本構成

- Megaco/H.248はMGCPの拡張版

- Megaco/H.248とMGCPではプロトコル同士に互換性がない

構成と機能概要は次のとおりです。

①MG（メディアゲートウェイ）
　アナログ電話機とIPネットワーク網間の音声信号とIPパケットの変換を行います。
②MGC（メディアゲートウェイコントローラ）
　MG（メディアゲートウェイ）の制御や、アドレス変換などの呼制御の集中管理を行います。
③SG（シグナリングゲートウェイ）
　IPネットワーク網と共通線信号網間の信号変換を行います。共通線信号はSS7ともいいます。電話番号などの制御情報を電話交換機でやり取りするための信号です。

まとめ

この節では、次のようなことを学びました。

● VoIPシグナリングプロトコルとは、次の手順を規定したものです。

　①通話相手を特定してセッションを確立

　②通話相手を呼び出す

● 現在はVoIPシグナリングプロトコルにはSIPが使われています。

CHAPTER 7

4 音声品質の基礎知識

この節では、VoIPの音声品質を左右する要因とその調整法について学びます。

音声の品質が悪くなる要因

　VoIPでは、音声をIPネットワーク上でパケットとして転送するため、符号化、圧縮、パケット化などの処理が行われます。ここまでは学んできたとおりです。この一連の処理やIPネットワーク網自体の輻輳などにより、音声の遅延やジッタ（揺らぎ）、パケットロス、エコーなどが発生し、音声品質の劣化をまねきます。

　一方、アナログ固定電話は、音声帯域をあらかじめ通信路として確保する方式のため、高い通話品質が維持できます。ただし、多くの帯域を占有するため、通信効率が悪いというデメリットがあります。

　では、VoIPの音声品質に影響を与える要因について、詳しく学んでいきましょう。

　音声の品質について、アナログ固定電話ではあまり気にしたことはないでしょう。携帯電話ではどうでしょうか。電波の弱いところや走行中など、通話する場所によって品質が劣化する経験があるでしょう。VoIPでは、VoIPの端末やIPネットワーク網に起因する品質の劣化があります。

　音声品質に影響を与える要因は、大きく次の5つに分類されます。

- コーデック
- 遅延

- ジッタ（揺らぎ）
- パケットロス
- エコー

コーデックの圧縮率が高くなると 音声品質が劣化する

　VoIPにおける音声品質は、使用するコーデックの種類によって異なります。コーデックの圧縮率が高くなる（ビットレートが低くなる）ほど、音声品質は低下します。

　つまり、ビットレート8kbpsであるG.729aは、ビットレート64kbpsであるG.711よりも音声品質が劣るということになります。ただし、ビットレートが高くなる分、帯域を占有することからネットワークの使用効率が低下します。

　どのコーデックがよいという答えはありません。VoIPを使う環境に合わせて、適切なコーデックを選択することになります。

遅延の発生場所

　IPネットワーク網やVoIPネットワークを構成するさまざまな機器の処理時間が遅延となります。一般に、エンドツーエンド（送信側の端末から受信側の端末まで）の遅延の限界は、片方向で150ms（ミリ秒）です。この値を超えると音声通話に影響が出てくると言われています。

　筆者の経験上、100msで設定できればベストです。150msでは運用面で注意が必要です。

　では、遅延は具体的にどの場所で発生するのでしょうか？

　遅延の発生するポイントは、次の3つです。

- 送信側のVoIPゲートウェイ

- IPネットワーク網

- 受信側のVoIPゲートウェイ

1つ目の送信側のVoIPゲートウェイでの遅延は、圧縮やパケット化における遅延です。

2つ目はIPネットワーク網内の遅延です。具体的には、ルータ装置内や伝送路の遅延です。

3つ目は受信側のVoIPゲートウェイでの遅延です。揺らぎ吸収遅延や送信側で行われた処理の逆の処理をする際の遅延です。特に、揺らぎ吸収遅延がポイントです。揺らぎ吸収遅延とは、ジッタバッファ（揺らぎ吸収バッファ）での待ち時間です。

ここまで3つの遅延ポイントを紹介しましたが、筆者の経験上、一番のキーポイントは「受信側のVoIPゲートウェイ」です。発信元から相手先までの最終ポイントであり、発信元からの遅延が一番蓄積されているからです。この場所で、ジッタバッファ（揺らぎ吸収バッファ）を調整し、対処します。

遅延に対処する

ここまで、遅延の発生する場所やジッタ（揺らぎ）について説明してきました。ここで再度、ジッタについて復習もかねて詳しく説明しましょう。

ジッタ（揺らぎ）は、パケットの受信タイミングにばらつきが出る現象です。このばらつきが音声劣化の原因です。このばらつきを一定間隔に保つようにすることで、音声の劣化を軽減させることができます。

ジッタへの対処は、受信側のVoIPゲートウェイで行います。VoIPゲートウェイには、ジッタを吸収するためのジッタバッファ（揺らぎ吸収バッファ）

機能があります。不定期に受信した音声パケットを一時的に装置内のバッファメモリに溜め込み、一定間隔でそれらを取り出し音声再生処理へ送る機能です。

　特に海外ネットワークでは、伝送路の距離の関係でジッタの問題が多く発生します。対処法としては、ジッタバッファの値を国内より大きくとります。ただし、ジッタバッファのサイズを大きくすると、バッファメモリに溜め込む時間が大きくなります。つまり、バラバラに受信する音声パケットの許容範囲が大きくなるのです。ジッタによる影響を小さくできますが、その半面、遅延が大きくなるという欠点があります。ジッタと遅延のバランス調整が職人の腕の見せどころです。ここは、現場でのチューニングで対処するしかありません。データと違い、音声は、人間の耳が音質の良しあしを判断するからです。

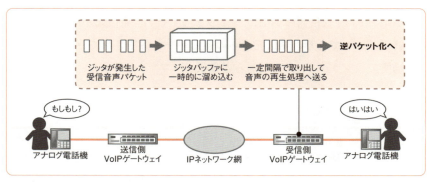

図　ジッタバッファによる対策

音がぶつぶつ途切れる

　音がぶつぶつ途切れる、この現象はパケットロス（パケット損失ともいう）によるものです。

　パケットロスとは、VoIPゲートウェイから送信された音声パケットが、IP

ネットワーク網を経由して対向のVoIPゲートウェイに届く間に、以下の要因で破棄されてしまうことです。

- IPネットワーク網の輻輳によるルータのバッファオーバーフロー
- パケット自体が壊れた
- パケットが順序どおりに到着しない
- 大きなジッタが発生

パケットロスは音切れなどの現象を起こし、音声品質に悪影響を与えます。

一般的に一番多い現象は、ルータの出力インタフェース内で発生するオーバーフローです。IPネットワーク網の輻輳により、ルータからパケットが出力できず、パケットを破棄してしまうのです。たとえるなら、高速道路に車が入ろうとするが、高速道路が混んでいるため入り口付近で大渋滞が発生し、これから入ろうとする車両はたまりかねてどんどん列から出ていってしまうという現象と同じです。

音のやまびこ現象

電話で自分が話した声が受話器から聞こえる、やまびこの現象を経験したことがある人もいるでしょう。話し手の声が聞き手の電話機のスピーカーで再生され、その音声が聞き手のマイクから回り込み、話し手に戻る現象です。これがエコーです（厳密には、アコースティックエコーといいます）。

エコーの種類としては、そのほかにハイブリッドエコーがあります。ハイブリッドエコーは、音声交換機内の回路で起こります。回路内の抵抗値の差による反射の影響で、音の回り込みが発生します。

では、エコーによる影響を小さくするためにはどうすればよいでしょうか。現場での一般的な対処方法として2つあります。

1つは、VoIPゲートウェイの機能にある**エコーキャンセラー**という機能で対処する方法です。エコーキャンセラーとは、音声遅延を予測し、話し手に対して反響してくる波形に逆の位相の波形を干渉させエコーを打ち消すものです。

もう1つは**音声レベルを調整する**方法です。VoIPゲートウェイに出入りする音の大きさを調整します。VoIPゲートウェイから電話機に向かう音のレベルを上げれば、エコーが発生しやすくなります。レベルを下げればエコーを軽減できます。

VoIPゲートウェイがレベル調整機能をサポートしていなければ、電話交換機側で音声レベルを調整することになります。電話屋さんに依頼する作業です。

実際の現場での音声レベル調整にあたっては、これだという答えはありません。あえていえば、実際に聞くユーザーがこれでいい、聞こえる、聞きやすいといったものが答えです。結局、聞くのは人間の耳だからです。

まとめ

この節では、次のようなことを学びました。

● **音声品質に影響を与える要因は、大きく5つに分類されます。**

　・コーデック

　・遅延

　・ジッタ（揺らぎ）

　・パケットロス

　・エコー

● **コーデックの圧縮率が高くなる（ビットレートが低くなる）ほど、音声品質**

は低下します。

● 遅延の発生するポイントは、次の3つです。

　　・送信側のVoIPゲートウェイ

　　・IPネットワーク網

　　・受信側のVoIPゲートウェイ

● ジッタ（揺らぎ）への対処は、受信側のVoIPゲートウェイのジッタバッファ（揺らぎ吸収バッファ）機能の調整で行います。

● パケットロスが発生すると、音がぶつぶつ途切れる現象が起こります。

● エコーは、話し手の声が聞き手の電話機のスピーカーで再生され、その音声が聞き手のマイクから回り込み、話し手に戻る現象です。エコーへの対処法として、エコーキャンセラーを使う方法と、音声レベルを調整する方法があります。

CHAPTER
8

無線LAN超入門

無線LANは、すっかり家庭や企業に定着したといえるでしょう。家庭で使われる無線LANの中心となるのが、無線LANアクセスポイントです。
他方、企業向けでは、複数の無線LANアクセスポイントの管理・制御が欠かせません。無線LANスイッチの導入も視野に入れ、無線LANネットワークを効率よく使えるようにしなくてはなりません。

CHAPTER 8

1 無線LANとは

この節では、無線LANの特徴や通信の方法、さまざまな無線LAN規格の概要について学びます。

無線LANとは、有線ケーブルの代わりに電波を利用してPC同士を接続し、LANを構築するものです。最近のノートPCには無線LAN機能が標準装備されていて、無線LANは当たり前になっています。たとえば、企業や学校、一般家庭においても広く利用されるようになっていますし、カフェやファーストフード店、空港、駅、ホテルなどの公衆エリアでも無線LANが利用できます。

無線LANのメリットとデメリットをまとめると、次のとおりです。

メリット

- モビリティ(移動性)に優れている

  無線LANは、離れたところを自由に移動しながらデータ通信ができます。

- ケーブル配線の煩雑さから解放される

  無線LANには、有線特有の配線トラブルがありません。たとえば、ケーブルの断線やネットワーク機器とのルーズコネクト、スイッチポートへの接続先の誤りなどはありません。

デメリット

- 通信が不安定

  無線LANは、場所や周りの環境にかなり影響を受けます。電波の届きにくいところでは伝送速度は安定せず、スループットが落ちます。

●セキュリティ対策が必須

無線LANでは、セキュリティ対策が欠かせません。電波状況のよい場所では、電波が飛びすぎてしまうため、無線LANの高度な知識を持つ悪意のある第三者によって知らないうちに通信内容を盗聴される危険性があります。

そこで、WPA2 (IEEE802.11i) などのセキュリティ機能を用いてデータの暗号化や認証といったセキュリティ対策を十分に行わなくてはなりません。

⇨ 無線LANのセキュリティに関しては、8-3節で詳しく解説します。

無線LANの基本構成

有線LANと無線LANの根本的な違いは伝送媒体です。有線LANではLANケーブルを用いてデータを伝送するのに対し、無線LANでは電波を用いて伝送します。そのため、無線LANではその電波を中継する無線LAN機器として、無線LANアクセスポイントと無線LANカードが必要になります。

一般消費者向けの無線LANでは、無線LANクライアント（無線LANカードを内蔵したPC）と無線LANアクセスポイントがあれば、無線LAN環境を構築するには十分でしょう。一方、企業ネットワークにおける無線LANの基本構成は、次の3つの要素からなります。

- 無線LANクライアント
- 無線LANアクセスポイント
- 無線LANコントローラ

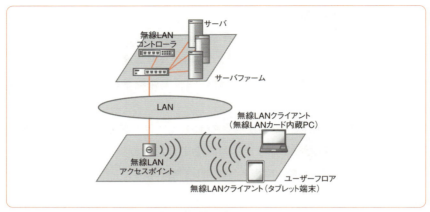

図　企業ネットワークにおける無線LANの基本構成

▍無線LANクライアント

　無線LANクライアントは、一番わかりやすい例でいうと無線LANカードを内蔵したPCと思えばよいでしょう。また、最近ではタブレット端末も一般的になりました。

▍無線LANアクセスポイント

　無線LANアクセスポイントとは、無線LANで電波の送受信をするための中継機となるものです。「親機」「基地局」「ステーション」などとも呼ばれます。また、無線LANアクセスポイントの中には、ルーティングなどルータの機能を兼ね備えたものもあります。
　無線LANアクセスポイントの大きな特徴は次のものです。

- 無線で受け取ったデータを有線LANに送り出す

　無線LANアクセスポイントは、ノートPCやタブレット端末などの無線LANクライアントから受け取ったデータを有線LANに送り出す役割を果た

します。

　無線LANと有線LANでは、アクセス制御方式やフレーム形式が異なります。無線LANの通信媒体は電波であり、フレームは無線LAN形式のMACフレームです。他方、有線LANの通信媒体はケーブルであり、フレームはイーサネット形式のMACフレームです。

　無線LANアクセスポイントはその双方の仕組みを備えていて、フレームを相互に変換する機能を持っています。

写真　無線LANアクセスポイント

無線LANコントローラ

　企業で無線LANネットワークを構築する際には、電波がフロア全体にまんべんなく届くようにしなくてはなりません。そのためには、複数の無線LANアクセスポイントを設置して運用することになります。その際に問題になるのが、無線LANアクセスポイント間の電波干渉や、無線LANクライアントが移動した際の無線LANアクセスポイントの切り替え処理です。もちろん、無線LANアクセスポイントが増えれば増えるほど、運用管理の手間が大きくなり、管理者の負担も重くなります。

　そこで登場したのが無線LANコントローラです。

⇨ 無線LANコントローラのことを無線LANスイッチと呼ぶこともありますが、本書では無線LANコントローラという名前で解説していきます。

無線LANコントローラとは、複数の無線LANアクセスポイントを一元管理するための機器です。具体的には、無線LANアクセスポイント間の電波干渉が起こらないよう、電波が届く範囲を自動調整します。また、無線LANアクセスポイント間のロードバランスを行い、特定の無線LANアクセスポイントに負荷が集中しないようにする機能も持ちます。特に最近では、スマートフォンの無線LAN機能を使った音声通信を導入する企業も多くなってきました。スマートフォンが移動しても途切れることなく通話できなくてはなりませんので、無線LANを使った音声環境を導入するうえで無線LANコントローラは欠かせないものといえるでしょう。

写真　無線LANコントローラ
シスコシステムズ製Cisco 5520 Wireless Controller。提供：Cisco Systems, Inc.

無線LANの設置場所

　無線LANを設置する場所は、企業の業務形態によってさまざまです。たとえば通常のオフィスでは、天井や壁に無線LANアクセスポイントを設置するのが一般的です。一方、レストランやホテルでは、内装のデザインにも気を配らなければなりません。無線LANアクセスポイントを天井裏に設置し、目の届かないところに隠すのが鉄則です。このように細かな違いはありますが、一般的な企業における導入方法や設置場所の考え方は同じです。無線LANコントローラと無線LANアクセスポイントがスイッチポートに接続され、クライアント端末と通信のやり取りをします。次ページの図は、LANにおける無線LANの設置場所を表したものです。

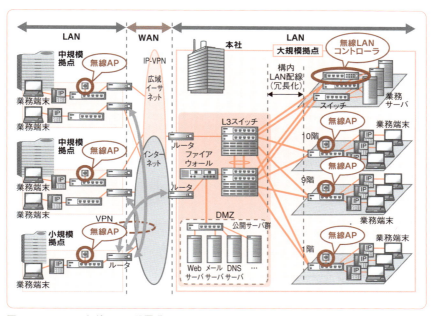

図　LANにおける無線LANの設置場所

無線LANの通信モード

　無線LANクライアント側から見た無線LANの接続形態は、無線LANアクセスポイントを使用するかしないかで、次の2つのモードに大別されます。

- インフラストラクチャモード
- アドホックモード

インフラストラクチャモード

　インフラストラクチャモードは、無線LANアクセスポイントとその電波到達範囲（無線セルという）内に存在する無線LANクライアントで構成されます。

無線LANクライアントは、無線LANアクセスポイントを介して通信し、互いに直接通信はしません。企業で無線LANを導入する際は、この方式を採用するのが一般的です。

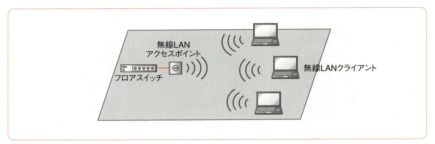

図　インフラストラクチャモード

アドホックモード

　アドホックモードは、ピアツーピアモード、またはIBSS（Independent Basic Service Set）ともいいます。無線LANクライアント同士が直接通信を行う方式です。このため、インフラストラクチャモードに比べて電波使用効率がよいというメリットがあります。無線LANカードを搭載したニンテンドーDSやプレイステーション・ポータブルを使った対戦ゲームで使用されています。

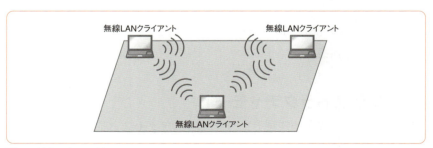

図　アドホックモード

通信状態

　無線LANでは無線の特質上、通信状態が常に一定ではありません。皆さんがお持ちの携帯電話に表示される電波の状況と同じように、今いる場所や周囲の環境によって電波受信状況は変化します。

電波干渉の影響

　無線は、有線とは違って「目に見えない」という特徴があります。電波のカバー範囲や電波干渉の考慮も必要です。たとえば、電子レンジとも周波数が重なるため、稼働中の電子レンジ付近では通信に著しい影響が出ます。ここでいう影響とは、実効速度（スループット）の低下です。また、隣接するアクセスポイント同士でチャネルが重なると、同様の影響が出ます。

⇒ 電子レンジは周波数に2.4GHz帯を使いますが、IEEE802.11b、同11gも同じく2.4GHz帯を使っています。チャネルについてはp.286で詳しく解説します。

　無線LAN導入時には、フロア内の壁や障害物などについて実際に現場で調査を行い、無線LANアクセスポイントの配置を決定するのが鉄則です。

参考 ••

　無線LANの環境調査のツールの例として、「Ekahau Site Survey（エカハウ・サイトサーベイ）」があります。エカハウ・サイトサーベイは、アクセスポイントの電波強度をグラフィック表示するソフトウェアです。実際の調査測定には、同ソフトをインストールしたノートPCを持ちながら、フロア内を測定者が歩きまわりデータを収集することで、フロア全域の電波強度を調査します。

無線LANの規格

　現状、無線LANといえば、IEEE802.11諸規格に準拠した機器で構成され

ます。

⇒IEEE802.11は、米国技術標準化団体であるIEEE（The Institute of Electrical and Electronics Engineers）によって承認されている無線に関する規格です。

　現在（2018年2月執筆時点）の企業ネットワーク環境で使われている無線LANの主な伝送規格として、次の5つが存在しています。

- IEEE802.11b

- IEEE802.11a

- IEEE802.11g

- IEEE802.11n

- IEEE802.11ac

　以前は、音声を無線LANにのせる場合は2.4GHz帯のIEEE802.11bと同11gを使用し、データ系を5GHz帯のIEEE802.11aにするのが一般的でした。最近ではIEEE802.11n、IEEE802.11acに対応した端末が登場しており、企業ネットワークにも11nや11acの導入が広がっています。

表　無線LAN規格

規格名	通信速度	周波数の帯域幅	周波数帯	規格の制定
IEEE 802.11b	11Mbps	20MHz	2.4GHz	1999年10月
IEEE 802.11a	54Mbps	20MHz	5GHz	1999年10月
IEEE 802.11g	54Mbps	20MHz	2.4GHz	2003年6月
IEEE 802.11n	600Mbps	20MHz、40MHz	2.4GHz/5GHz	2009年9月
IEEE 802.11ac	6.93Gbps	20MHz、40MHz、80MHz、160MHz	5GHz	2014年1月

　なお、上の表の通信速度は、規格上の最大理論値です。実際に通信するうえでの実効速度は、理論値の半分から3分の1程度となります。

　その理由は、設置場所の環境（干渉物・遮蔽物による減衰）による影響や、通信を成立させるための制御情報などのやり取りに通信帯域が使われるこ

と、さらにはほかの無線LAN利用者との通信帯域の分け合いなどがあるためです。

IEEE802.11b

IEEE802.11bは、最大11Mbpsの伝送速度を実現する物理層の規格です。

IEEE802.11bでは、ISMバンド（アイエスエムバンド）と呼ばれる2.4GHz帯を利用します。ISMバンドは医療機器や電子レンジ、Bluetooth、コードレス電話など広範な用途で利用されるため、それらの機器との間で電波干渉が生じる場合があります。

⇒ ISMとはIndustry-Science-Medicalの略で、国際電気通信連合（ITU）により、電波を主に産業・科学・医療に利用するために指定された周波数帯です。免許や届け出なしで利用することができます。

IEEE802.11a

IEEE802.11aは、新たに無線LAN用に割り当てられた5GHz帯を利用し、最大54Mbpsの伝送速度を実現する物理層の規格です。変調方式としてOFDM（直交周波数分割多重方式）を利用することで、高速化された伝送速度が実現できます。

⇒ 5GHz帯無線LANでは現在、W52（5.15〜5.25GHz）、W53（5.25〜5.35GHz）、W56（5.47〜5.725GHz）の周波数帯が利用可能です。詳しくはp.287で説明します。

IEEE802.11g

IEEE802.11gは、IEEE802.11bと同じく2.4GHz帯を利用して最大54Mbpsの伝送速度を実現する物理層の規格です。変調方式としてIEEE802.11aと同じOFDMを利用することで、2.4GHz帯での高速化を実現しています。

IEEE802.11bと同じ周波数帯を利用しているので、IEEE802.11bとIEEE802.11gには相互接続性があります。

IEEE802.11n

IEEE802.11nは、実効速度100Mbps以上の伝送速度を実現するための規格です。2.4GHz帯または5GHz帯の2つの周波数帯を使用でき、従来の11b、11g、11aの規格に比べパフォーマンスの向上が図られています。

さらには、強度の高い暗号化アルゴリズム「AES」を採用し、セキュリティ対策を施しているのが特徴です。

IEEE802.11ac

IEEE802.11acは、5GHz帯を利用し、理論値最大6.93Gbpsを実現するための規格です。ただし、2018年2月現在、無線LANクライアント・無線LANアクセスポイントとも6.93Gbpsの通信速度に対応している製品はありません。

Wi-Fi（ワイファイ）

無線LAN技術はイーサネットと比べるとまだ歴史が浅いため、当初は規格の解釈や実装されている機能などで製品ごとに違いがありました。そのため、かつてはすべての製品間での相互接続性は保証されておらず、メーカーが違う機種同士では通信できない、といったことがありました。

そこで、無線LAN技術の推進団体であるWi-Fi Alliance（ワイファイアライアンス）では、無線LAN規格に対応した製品同士が確実に通信できるかどうか、相互運用性をテストしています。このWi-Fi認定テストに合格した製品にはWi-Fi認定ロゴが与えられ、相互運用性が保証されます。今では、ユーザーはこのロゴを製品選択の参考にすることができます。

まとめ

この節では、次のようなことを学びました。

● 無線LANは、ケーブルの代わりに電波を利用してLANを構築します。

● 無線LANのメリットは次のものです。

  ・モビリティ（移動性）に優れている
  ・ケーブル配線の煩雑さから解放される

● 無線LANのデメリットは次のものです。

  ・通信が不安定
  ・セキュリティ対策が必須

● 企業ネットワークにおける無線LANの基本構成は、次の3つの要素からなります。

  ・無線LANクライアント
  ・無線LANアクセスポイント
  ・無線LANコントローラ

● Wi-Fiは、無線LANの認定規格の1つです。Wi-Fi認定テストに合格した製品にはWi-Fi認定ロゴが与えられ、ほかの機種との相互運用性が保証されます。

CHAPTER 8

2 無線LANの仕組み

この節では、無線LANがどうやって通信を行っているのか、その仕組みについて学びます。

無線LANの接続手順

　有線LANでは、PCのLANポートとスイッチのイーサネットポートをUTPケーブルで接続します。他方、無線LANでは、無線LANカードを搭載した無線LANクライアントから、無線LANアクセスポイントと呼ばれる中継機器に「アソシエーション」というプロセスで接続を行います。

⇨ 本書では企業における無線LANとして一般的なインフラストラクチャモードでの接続のみ解説します。

　アソシエーションには、SSID (Service Set Identifier) という無線LANにおける論理的なグループを識別する識別情報が必要です。

　無線LANアクセスポイントは、さまざまな情報が記述されたビーコン (Beacon) と呼ばれる制御信号を定期的に送出しています。無線LANクライアントはビーコンを受信し、その情報をもとに利用可能なチャネル（周波数帯域）を探します。そして利用可能なチャネルがわかれば、無線LANクライアントは無線LANアクセスポイントに対してSSIDを指定し、アソシエーションを要求します。それに対して無線LANアクセスポイントは、アソシエーション応答で接続の可否を通知します。

⇨ ここまでの手順は、有線LANに置き換えると、UTPケーブルをスイッチのイーサネットポートに接続するのに相当します。

　この後はデータの送受信です。その手順はCSMA/CA (Carrier Sense Multiple Access with Collision Avoidance) に従います。

CSMA/CA

CSMA/CAは、複数の無線LANクライアントが電波を共有して通信を行うためのアクセス制御方式です。有線LANで使われているCSMA/CD方式との違いを見てみましょう。p.96で解説したとおり、CSMA/CD方式ではデータ送信中にコリジョン（信号の衝突）を検出し、もし検出したら即座に通信を中止し、待ち時間を挿入します。

一方、無線LANの通信ではコリジョンを検出できないため、無線LANクライアントは通信路が一定時間以上継続して空いていることを確認してからデータを送信します。データを送信する前には、待ち時間を毎回挿入します。この待ち時間はランダムな長さをとります。そうすることで、直前の通信から一定時間後に複数の無線LANクライアントが一斉にデータを送信してしまう（その結果、衝突が発生してしまう）のを回避します。

CSMA/CAの実際の手順は次のとおりです。

① まず聞き耳をたてます ― CS（Carrier Sense）

データを送信する前にビーコン（無線LANアクセスポイントから送出される制御信号）にて、現在、同じ周波数帯（チャネル）を利用している無線LANクライアントがほかにないか確認します。

② 誰でも送信できます ― MA（Multiple Access）

複数のクライアントが電波を共用し、他者が通信をしていなければ自分の通信を開始します。

③ 衝突を回避します ― CA（Collision Avoidance）

①のCarrier Senseの段階で通信中の無線LANクライアントが存在した場合は、そのクライアントの通信が終わると同時に送信を試みてしまうと、同じく通信終了を待っていたほかのクライアントとデータが衝突す

る可能性が高くなります。そのため、通信終了を検知したら、自分が
データの送信を開始する前にランダムな長さの待ち時間をとります。

④ データの通信の開始

上記のCSMA/CA手順を踏んで、データ通信が可能であることを確認し
たら、IPなどのレイヤ3パケットにIEEE802.11のヘッダを付加し、電
波に載せて無線LANアクセスポイントへ送信し、実際のデータ通信が開
始されます。また、実際にデータが正しく送信されたか否かは、受信側
からのACK（Acknowledge）信号が到着するかどうかで判定します。
ACK信号がなければ通信障害があったとみなし、データの再送信を行い
ます。これによって通信の信頼性を確保しています。

以上のように、無線LANにおける通信は、衝突を回避するためのランダ
ムな時間の挿入や、ACKによる確認応答などのオーバーヘッドが非常に大
きくなっています。そのため無線LANでの実効速度（スループット）は、規
格上の伝送速度の半分以下になってしまいます。

⇨ 1つの無線LANアクセスポイントで同時に通信できるのは1台なので、クライアントの数が増
えればその分伝送速度は落ちます。実際の現場では、規格上の伝送速度の半分から3分の1以
下というのが実態です。

無線LANアクセスポイントのカバー範囲

無線LANにおけるエリアの概念について整理しましょう。

① サービスエリア

サービスエリア（次ページの図の①）とは、無線LANによる通信が利用可
能な範囲のことです。

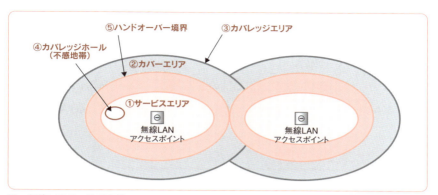

図　無線LANのエリア定義

②カバーエリア

　カバーエリア（上の図の②）とは、1つの無線LANアクセスポイントから電波（ビーコン）が到達する範囲をいいます。つまり、通信の品質についてはサービスエリアの範囲よりも劣ります。干渉を考慮する必要があるエリアです。

③カバレッジエリア

　カバレッジエリア（上の図の③）とは、サービスエリアとカバーエリアを含めたすべてのエリアをいいます。また、カバレッジエリアのことを「セル」や単に「カバレッジ」ともいいます。

④カバレッジホール（不感地帯）

　カバレッジホール（上の図の④）とは、無線LANアクセスポイントから電波が到達できず、無線LANの通信ができないエリアのことです。不感地帯ともいいます。

　カバレッジホールへの対策としては、サイトサーベイという調査を行い、カバレッジホールや電波干渉が発生しないようセルの範囲やチャネル設定

を調整する必要があります。具体的には、設置台数や設置場所の調整です。

⑤ハンドオーバー境界

ハンドオーバー境界（前ページの図の⑤）とは、ほかの無線LANアクセスポイントにハンドオーバーする（アクセスポイントを切り替える）境界です。

チャネル設計

無線LANクライアントと無線LANアクセスポイントの距離が離れれば、電波感度は悪くなります。通信のセッションが切れたり、通信速度が遅くなったりなどの影響が出ます。

そこで、複数の無線LANアクセスポイントを設置し、無線LANが使用できるエリアを拡大する必要があります。その際、無線LANアクセスポイントのチャネル設計に注意しなくてはなりません。

⇨「チャネル」は特定の周波数帯域幅を1つの単位として定義したもので、テレビやラジオの「チャンネル」と同じです。

無線LANでは、無線LANクライアントと無線LANアクセスポイント間でデータの送受信を行うためには、同じチャネルを使用しなくてはなりません。そして、隣接する無線LANアクセスポイント同士で同じチャネルを使うと、電波干渉を起こし、通信効率が低下する恐れがあります。それを回避するために、隣接する無線LANアクセスポイント同士では「電波干渉を起こさないチャネル」を使用するようチャネル設計が必要です。

具体的には、次ページの図の周波数が重複しないチャネルを繰り返し使用します。

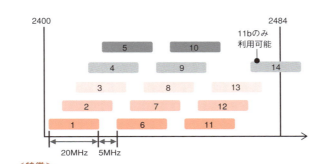

図　2.4GHz帯のチャネル

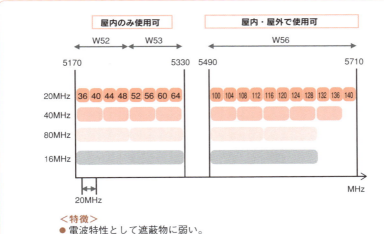

図　5GHz帯のチャネル

次の図は、ビルの上下階も考慮した例です。鉄筋コンクリートのビルの場合、フロア内だけでなく、上下階からの電波干渉にも注意が必要です。

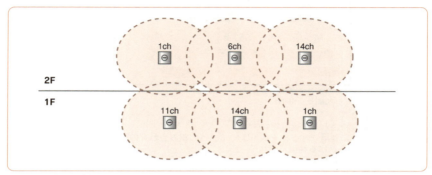

図　チャネル設計（よい例）

次の図は、電波干渉が発生する場合の例です。同一フロア内では周波数が重複しないチャネルを使用しているため、電波干渉は発生しません。しかし、上下階において同一チャネルを使用しているため、電波干渉が発生します。先の図「チャネル設計（よい例）」のように、チャネル設計の見直しが必要です。

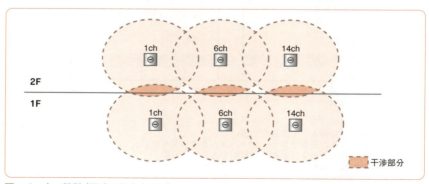

図　チャネル設計（干渉が発生する例）

まとめ

この節では、次のようなことを学びました。

● 無線LANの接続にはSSIDという、論理的なグループを識別する識別情報を用います。

● 無線LANの接続手順では、CSMA/CAを使います。CSMA/CAは、複数の無線LANクライアントが電波を共有して通信を行うためのアクセス制御方式です。

● 隣接する無線LANアクセスポイント同士では「電波干渉を起こさないチャネル」を使用するよう、チャネル設計が必要です。

● 無線LANでは、2.4GHzと5GHzの周波数帯が利用できます。

● 2.4GHz帯は、遮蔽物に強いが、使えるチャネル数は少ないという特徴があります。電子レンジなど、無線LAN以外の干渉源も多く存在するので注意が必要です。

● 5GHz帯は、遮蔽物に弱いが、使えるチャネル数は多いという特徴があります。

● 5GHz帯のうち、W52（5.2GHz帯）とW53（5.3GHz帯）は屋外利用はできません。

● 5GHz帯のうち、W53（5.3GHz帯）とW56（5.6GHz帯）は気象レーダーや軍用レーダーと同じ周波数帯を使っています。無線LANアクセスポイントは、レーダー波との干渉を検知したら無線サービスを停止し、1分後にチャネルを変更して再度接続します。

CHAPTER 8

3　無線LANのセキュリティ

この節では、無線LANにおけるセキュリティの必要性とその対策について学びます。

　無線LANは、空中を飛び交う電波でデータのやり取りをします。そのため、知らないうちに悪意ある第三者に通信を傍受される危険性があります。企業における機密情報であれば、大変なことです。また、セキュリティ対策が甘い無線LANアクセスポイントであれば、そこからインターネットへ接続されるリスクもあります。無線LANの導入にあたっては、有線LAN以上に十分なセキュリティ対策が必要です。

無線LAN機器のセキュリティ対策機能

無線LAN製品には、次のようなセキュリティ対策機能があります。

- WEP（脆弱性があるため、現在では推奨されていません）
- MACアドレスフィルタリング
- SSID
- WPA
- WPA2（IEEE802.11i）
- IEEE802.1X認証

　今となっては不十分な機能や、本来セキュリティ対策機能とは呼べないものもありますが、無線LANのセキュリティ事情を整理するためにまとめて解説していきます。

WEP

WEP（Wired Equivalent Privacy）は、IEEEによって標準化された無線LAN通信を暗号化するための規格で、IEEE802.11bなどで使用される暗号化仕様の総称です。無線LANは、電波の届く範囲であれば誰でも通信内容を傍受することができ、重要なデータが盗まれるリスクがあります。そこで、通信を暗号化し、第三者に通信内容を容易に知られないようにするために使用します。

しかし、WEPによる暗号化は仕組み上いくつかの問題点が存在するため、第三者による総当たり攻撃（可能な暗号の組み合わせをすべて試みる攻撃手法）などにより暗号化で使われる鍵（WEPキー）を突き止められる恐れがあります。

また、WEPキーは、事前にアクセスポイントと無線LANクライアント間で任意の文字列を共有しておく必要があります。アクセスポイントには複数の無線LANクライアントがアクセスしますが、WEPではどの無線LANクライアントも同じWEPキーを使います。したがって、WEPキーを突き止められた場合、同じ無線LANアクセスポイントに接続しているほかの無線LANクライアントのデータも簡単に解読されてしまいます。

MACアドレスフィルタリング

MACアドレスフィルタリングとは、あらかじめ無線LANアクセスポイントに登録されたMACアドレスからしか接続できないようにする機能です。無線LANは電波の届く範囲ならどこからでも接続できるため、利用を許可されたユーザー以外は接続できないようにする必要があります。

MACアドレスフィルタリング機能を有効にすることで、無線LANアクセスポイントは無線LANクライアントのMACアドレスと自身のMACアドレスフィルタ設定に登録されているMACアドレスを比較し、一致するMAC

8 / 3 無線LANのセキュリティ

アドレスを持つ無線LANクライアントのみ通信を許可します。

　一見、これで不正利用への対策は万全のようにも見えますが、次の脆弱性があります。

- 登録されたMACアドレスを持つ無線LANカードの盗難
- MACアドレスフィルタリング情報の盗聴

　無線LANアクセスポイントに登録されたMACアドレスを持つ無線LANカードを盗んだ者は、そのカードを自身のノートPCへ挿入することで通信ができてしまいます。また、今では無線LANカード内蔵型のPCが一般的ですが、PCそのものが盗難されるというリスクがあります。

　MACアドレスフィルタリング情報の盗聴については、一部のユーティリティソフトを使用すると、通信中の無線LANクライアントのMACアドレスを知ることができてしまいます。また、MACアドレスを偽装するソフトもインターネットから無償で入手できるため、悪意ある利用者が自身の無線LANカードのMACアドレスを手動で書きかえることにより正規ユーザーになりすまし、通信をする可能性があります。以上のことから、MACアドレスフィルタリングだけでは堅牢なセキュリティ対策とはいえません。後述のセキュリティ対策と併用して効果が出てくると考えてください。

SSID

　SSID（Service Set Identifier）とは、無線LANにおける論理的なグループを識別する識別情報です。

　IEEE802.11では、無線LANにおけるネットワーク識別子の1つとして、SSIDを利用しています。SSIDはいわゆる「ネットワーク名」としての役割を果たしています。

　無線LANアクセスポイントと無線LANクライアントが同じSSIDを設定し

ないと接続ができません。この機能を使うことにより、無線LANアクセスポイントにアクセスする人を制限することができます。しかし、SSIDにも次のような脆弱性があります。

- SSID情報の盗聴
- SSIDが「空白」または「ANY」の無線LANクライアントと接続可能になる

前述のとおり、無線LANアクセスポイントは、無線LANクライアントが接続可能な無線LANアクセスポイントを検知できるよう、ビーコンを送出しています。このビーコンにはSSIDが含まれているため、SSIDが何であるかはすぐにわかってしまいます。

⇒ Windows 10の場合、タスクバー右端の通知領域にあるWi-Fiのアイコンをクリックすると、ビーコンから取得したSSIDが一覧表示されます。

さらに、SSIDを「空白」または「ANY」にセットしている無線LANクライアントは任意の無線LANアクセスポイントと接続が可能になるという問題があります。これは利便性のための仕様ですが、セキュリティ面で脆弱性となっています。

これらの問題への対策としては、ビーコンにSSIDを埋め込まないようにする設定や、SSIDを「空白」または「ANY」に設定した無線LANクライアントの接続を禁止する設定を無線LANアクセスポイントに実施します。

⇒ 製品では「SSIDステルス（隠ぺい）機能」や「ANY接続拒否機能」といった名前が付いています。

しかし、これらの手法を用いたとしても、無線LANアクセスポイントと無線LANクライアント間を飛び交うデータそのものにはSSIDが含まれています。そのため、両区間を飛び交うパケットをキャプチャすることでSSIDを知ることはできてしまいます。

つまり、SSIDは無線LANアクセスポイントと無線LANクライアントをグループ化するための単なる「文字列」でしかなく、セキュリティ機能としては期待できません。

参考 ･･･

　インフラストラクチャモードのネットワーク構成の場合、基本となる1つのアクセスポイントと、その配下の複数の無線LANクライアントで構成されるネットワークをBSS（Basic Service Set）と呼びますが、その際に使用する識別子をBSSIDと呼びます。また、複数のBSSで構成されるネットワークのことをESS（Extended Service Set）と呼びます。その際に使用される識別子をESSIDと呼びます。

▌WPA

　WPA（Wi-Fi Protected Access）とは、無線LANの業界団体Wi-Fi Allianceが2002年10月に発表した無線LANの暗号化方式の規格です。WEPの脆弱性を補強し、セキュリティ強度を向上させたものです。

　WPAは、従来のSSIDとWEPキーに加えてユーザー認証機能をサポートした点や、暗号鍵を一定時間ごとに自動的に更新するTKIP（Temporal Key Integrity Protocol：ティーキップ）と呼ばれる暗号化プロトコルを採用するなどの改善がされています。

　TKIPは、一定パケット量や一定時間ごとにキーを自動的に変更して暗号化を行うことで、同じキーを使いつづけるというWEPの欠点を改善し、セキュリティ強度が強くなっています。しかし2008年11月に、WPAで使われているTKIPに関して暗号解読の成功例が報告されたため、企業ネットワークでは現状使用することはありません。

　ここまで4つの機能について見てきましたが、これらはおよそ安全とは言えません。無線LANを利用するには、より高度なセキュリティ機能が必要です。そこでIEEEは2004年にIEEE802.11iと呼ばれるセキュリティ規格を規定し、それに準拠した規格としてWi-Fi AllianceからWPA2が発表されました。さらに、もう1つ重要なセキュリティ規格としてIEEE802.1Xというものがあります。以下にそれぞれ紹介していきます。

WPA2（IEEE802.11i）

WPA2（IEEE802.11i）は、Wi-Fi Allianceが2004年9月に発表したWPAの新バージョンで、より強力なAES暗号（アメリカ国立標準技術研究所（NIST）が定めた標準暗号化方式）に対応しています。

AES暗号は、アメリカの新暗号規格として規格化された共通鍵暗号方式で、1977年に発行された暗号規格DESが技術進歩により時代遅れとなったため新たに考案された暗号方式です。それ以外の仕様はWPAとほぼ同じであることから、WPA対応機器とも通信ができます。

表　WPAとWPA2の比較

	WPA	WPA2
認証方式	PSK（事前共有鍵）、IEEE802.1X認証	WPAと同じ
暗号化方式	TKIP（RC4）※必須 CCMP（AES）	TKIP（RC4） CCMP（AES）※必須

IEEE802.1X認証

IEEE802.1Xは、スイッチなどネットワーク機器のポート単位で、レイヤ2レベルでのユーザー認証を行う手順を定めたものです。認証サーバを使ってユーザー認証を行います。有線LANの場合は物理的なLANポートが管理対象となり、無線LANの場合はユーザーが接続してきた時点で生成される論理的なポートが管理対象となります。

具体的には、無線LANアクセスポイントで認証プロトコルを終端し、無線LANアクセスポイントと認証サーバが認証のやり取りをします。ユーザーから見れば無線LANアクセスポイントがあたかも認証サーバとして働いているかのように見えます。認証プロトコルを無線LANアクセスポイントで終端しておけば、未認証のユーザーがネットワーク側（無線LANアクセスポイントより上流）にパケットを送出してしまうことを防止することができます。

IEEE802.1Xを使うために必要な構成を以下に挙げます。本書では詳しくは説明しませんが、無線LANアクセスポイントのほかにIEEE802.1X対応の無線LANクライアントや認証サーバなどの準備が必要です。

IEEE802.1X構成要素

- IEEE802.1X対応の無線LANクライアント
- 無線LANアクセスポイント/コントローラ
- ユーザーIDやパスワードを管理するIEEE802.1X対応の認証サーバ（RADIUS）
- 外部の認証局サーバ（CA：Certificate Authority）[注1]

以上、無線LANのセキュリティ対策の機能について一通り説明しました。

最後になりますが、無線LAN機器のセキュリティ機能は、あくまでも無線LANアクセスポイントと無線LANクライアント間のセキュリティを確保するにすぎません。企業の機密情報など重要な情報を送信する場合には、無線LANクライアントから通信相手先までのエンドツーエンドでセキュリティを確保するSSLやVPNなどの技術との組み合わせが必要不可欠です。

「木を見て森を見ず」とは「小さいことに心を奪われて、全体を見通さないこと」のたとえですが、セキュリティ対策ではこうした状態に陥らないことが肝要です。まずネットワーク全体を見て、影響度、優先度を考えたうえで対策を講じるようにしてください。

まとめ

この節では、次のようなことを学びました。

注1) クライアント認証に「証明書」を使用する場合のみ必要になります。

● 無線LANを利用するには、高度なセキュリティ機能が必要不可欠です。現状では次の2つの機能を組み合わせて使います。

　・WPA2（IEEE802.11i)
　・IEEE802.1X認証

● 企業の機密情報など重要な情報を送信する場合には、無線LANクライアントから通信相手先までのエンドツーエンドでセキュリティを確保することが必要不可欠です。

APPENDIX

付録

APPENDIX

1 仮想化

仮想化とは、コンピュータやネットワーク機器などの機能を「ハードウェア」という概念から切り離し、物理的な制約を受けずに柔軟に利用できるようにする技術です。仮想化される機能は、サーバでいうとCPUやメモリが、ネットワーク機器であれば本体そのものやポートが該当します。

仮想化のメリット

仮想化によって、物理的な構成に縛られることなく、論理的な機器構成が可能になります。大きなメリットは次の3つです。

- 容易に拡張が図れる
- 可用性が向上する
- 資源を有効活用できる

物理的な構成に縛られなければ、システム増設時や障害時にサービスを停止せずに増設作業ができますし、障害時の交換作業ができます。

一番のメリットは資源の有効活用でしょう。高性能なサーバやネットワーク機器などを用意し、必要に応じてシステムをユーザーに割り当てたり、ピーク時のみ資源を多めに割り当てたりすることができれば、資源を有効に活用できます。ピーク時以外は障害時の冗長化用として利用すれば、ネットワークやシステム全体の可用性も高まります。

たとえば、ネットワーク上に複数のサーバがあったとして、各サーバの利用率のピーク時間が異なるケースはよくあります。それぞれのサーバのCPUはピーク時間にはフル稼働していても、それ以外の時間はあまり使わ

れないので、CPU使用率は全体的に低いものとなります。そこで、1台の物理サーバ上で複数の仮想的なサーバを稼働させることで、この無駄を解消します。各サーバの利用率のピーク時間ごとにCPUリソースの割り当てを変えることで、CPUの使用率を高めることができます。

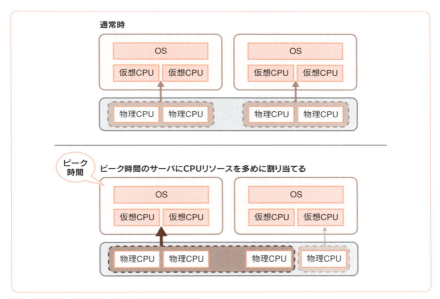

図　仮想化によるCPUリソースの有効活用

つまり、資源の選択と集中が必要なときに行えるわけです。その半面、物理的な構成から通信の流れを把握することはできず、その時々のリソース割り当て状況を把握する必要があるなど、運用管理が煩雑になるという課題も残ります。仮想化のシステムを運用する側としても、システム全体の構成や設計の考え方などを把握できるだけの技術力が必要となるわけです。

仮想化の適用範囲は広い

　仮想化と一言でいっても、その適用範囲はユーザーが使うPCからネットワーク、サーバ、ストレージまで多岐にわたります。本書ではその中でもネットワークにフォーカスして解説します。企業内LANにおいては大きく次の3つが挙げられます。

- PCの仮想化
- ネットワーク経路の仮想化
- ネットワーク機器の仮想化

ユーザーに最も身近な「PCの仮想化」

　皆さんにとって一番なじみがあるのが「PCの仮想化」でしょう。これは、1台のPC上に複数のPCの環境を仮想的に作る技術です。具体的には、異なるOSやアプリケーションを利用するために使います。一番身近な例が、Windowsを使っているユーザーが1台のPCでLinuxも使いたいというケースです。

　この場合は、Windows上に仮想化ソフトをインストールした状態でLinuxをインストールすれば、Windows環境とLinux環境を両方使うことができます。

ネットワーク経路を仮想化する

　ネットワーク経路を仮想化する技術は、大きく分けて3つあります。

- VLAN
- リンクアグリゲーション
- VPN

302

仮想化というと、技術的には新しくハードルが高そうに感じますが、ネットワーク分野での仮想化は意外に古くから使われている身近なものです。

まずはVLANです。ユーザーに最も身近なPCにつながる企業内LANで使われる技術がVLANです。これは第4章で説明したように、物理的な接続とは異なる形で論理的なLANを定義できるLANスイッチの機能です。

⇒ VLANの利用については第4章のp.112から解説しています。

次にリンクアグリゲーションです。リンクアグリゲーションは、複数の物理リンクを論理的に1本に束ねる技術です。これもネットワークの分野では当たり前の機能ですが、仮想化の一種といってよいでしょう。

⇒ リンクアグリゲーションの利用については第4章のp.136で解説しています。

最後はVPNです。VPNは、インターネットなどほかのユーザーと共用するネットワーク上に仮想的な専用ネットワークを作る技術です。これも仮想化技術の1つです。

インターネット網で構築されるのがインターネットVPNです。社内と外部をつなぐVPN装置（ルータなど）でパケットを暗号化／復号することで、不特定多数のユーザーが扱うインターネットを専用のネットワークであるかのように利用することができます。通信事業者のネットワークで構築されるのが、一般的にはIP-VPNです。

⇒ VPNの利用については第3章のp.79から解説しています。

以上のように、ネットワークから見た仮想化とは意外にも身近なものであるので、仮想化という言葉に惑わされず、しっかりと基礎を学びましょう。

ネットワーク機器の仮想化

ネットワーク機器を仮想化する技術は、大きく分けて2つあります。

- 複数の機器を1つの機器に見せる

● 1つの機器を複数の機器に見せる

　複数のネットワーク機器を1つの機器に見せる技術は、主にスイッチを対象とした技術です。この技術のことを「スタッキング」といいます。スタッキングを使い、従来スイッチ同士を接続する多段構成だったものを1つのスイッチと見立てることで、ネットワークの構成がシンプルになり、運用管理が楽になります。

⇨ スタッキングの利用については第4章のp.136で解説しています。

　もう1つは、1つの機器を複数に見せる技術です。実際の現場でよく使われる例としてはUTM（統合脅威管理）があります。UTMを仮想的に複数のUTMに分割し、セキュリティポリシーが異なる部署ごとに割り当てます。たとえば一般ユーザーと情報システム部門とでは、セキュリティの厳しさが違うのは当然のことです。UTMを仮想的に分割することによって、あたかも複数のUTMを部署ごとに設置したかのように使い分けることができます。

まとめ

● 仮想化の大きなメリットは次の3点です。

　・容易に拡張が図れる
　・可用性が向上する
　・資源を有効活用できる

● 仮想化と一言でいっても、適用範囲はユーザーが使うPCからネットワーク、サーバ、ストレージまで多岐にわたります。ネットワークという視点にフォーカスすると、企業内LANにおいては大きく次の3つが挙げられます。

　・PCの仮想化
　・ネットワーク経路の仮想化
　・ネットワーク機器の仮想化

● ネットワーク経路を仮想化する技術は、大きく分けて3つあります。

　・VLAN

　・リンクアグリゲーション

　・VPN

● ネットワーク機器を仮想化する技術は、大きく分けて2つあります。

　・複数の機器を1つの機器に見せる（スタッキング）

　・1つの機器を複数の機器に見せる

APPENDIX 2 ネットワークから見た スマートデバイス

スマートデバイスとは

　今では、朝の電車の中で新聞を読む人もめっきり少なくなりました。電車に限らず、町中、カフェなど、どこに行ってもみんながスマートデバイスを使っています。サラリーマンやOL、学生さんはもちろんのこと、主婦、お年寄りに至るまで、幅広い世代でスマートデバイスが当たり前に利用されています。

　スマートデバイスとは、「スマートフォン」と「タブレット端末」の総称です。

- スマートフォン
- タブレット端末

　スマートフォンは皆さんもご存じのとおり、携帯電話の高機能版と思えばよいでしょう。具体的には、電話をするための「通話機能」とデータ送受信のための「通信機能」の両方を搭載しているものです。通信機能には「携帯データ通信機能（またはパケット通信）」と「無線LAN通信機能」の2種類があります。サイズはメーカーによって異なりますが、画面は6インチ未満のタッチパネルであるものが大半です。

写真　スマートフォン

　他方、タブレット端末は、スマートフォンとは違い「通話機能」が非搭載で、画面は7インチ以上（サイズはメーカーによって異なる）のタッチパネルが大半です。また、「通信機能」は、「携帯データ通信機能」と「無線LAN通信機能」の両方を搭載しているものと、「無線LAN通信機能」のみを搭載しているものがあります。

写真　タブレット端末

スマートデバイスで使われるOS

　今度は少し技術的な話に入っていきましょう。スマートデバイスもPCと同じようにOSをベースとして動作しています。スマートデバイスに搭載さ

れている主なOSは、2018年2月現在、次の2種類です。

- Android
- iOS

　現在日本でよく使われているのが、米グーグルが開発したスマートデバイス用OS「Android」を搭載した「Android端末」と、米アップルが開発した「iOS」を搭載した「iPhone」と「iPad」です。日本では今のところAndroidとiOSが2大勢力といってよいでしょう。

　過去にはBlackBerry OS搭載のスマートデバイスやSymbian OS搭載のスマートデバイスが販売されていましたが、現在日本で販売されているものはありません。

ネットワークから見たスマートデバイス

　ここからは、スマートデバイスをネットワーク全体から少し俯瞰して見てみましょう。

　スマートデバイスは常時接続の通信機能もしくは無線LAN機能、またはその両方を搭載した携帯端末です。自分好みのアプリケーションをどんどん追加してカスタマイズできるPCを手のひらサイズにしたようなものです。さらにスマートフォンの場合は通話機能、つまり電話ができる。そしてタブレット端末は電話はできませんが、軽量で薄いことを利点とし、大きな画面でPCのような使い方ができるものと言えるでしょう。

　では上記の話をふまえて、スマートデバイスの側面ではなく、あえてネットワーク側からの視点で通信の流れを解説していきます。

通話の流れ

スマートデバイスから皆さんの自宅の固定電話や携帯電話に電話する流れは次の図のとおりです。これは現在のタブレット端末ではできない、スマートフォンでのみできる機能となります。

⇒ ただしタブレット端末でも、SkypeなどのIP電話アプリから固定電話や携帯電話に電話することはできます。その場合は最初にインターネット網に入ってから携帯電話網、一般電話網に接続します。

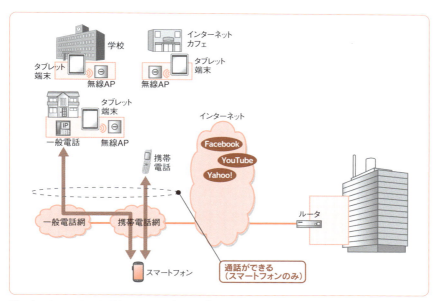

図　ネットワークから見たスマートデバイス①

データ通信の流れ

次は、スマートフォンとタブレット端末の両方が対象です。スマートデバイスとしては、次の図のような流れでデータ通信を行います。ポイントは無線LAN環境があるか否かです。

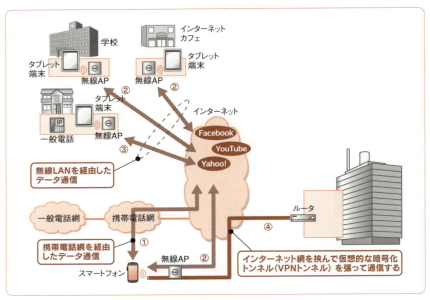

図　ネットワークから見たスマートデバイス②

　外出先で無線LAN環境がない場合のスマートデバイスは、携帯電話網を経由したデータ通信をすることになります（図の①）。スマートデバイスから携帯電話網を経由してインターネット網に入り、Yahoo!やYouTube、Facebookなどを閲覧します。

　一方、無線LAN環境がある場合は、無線LANのアクセスポイントを経由してインターネット網に入り、Yahoo!やYouTubeなどのインターネットの世界に入ることができます。また、最近では学校やインターネットカフェなども同様の通信の流れになります（図の②）。なお、皆さんの自宅に無線LANのアクセスポイントがある場合は、理屈としては図の②で解説した内容と同じです（図の③）。

　最後は企業として、つまり法人用にスマートデバイスを使う場合です。この場合は、企業側のネットワークにVPN機能を搭載したルータなどの

ネットワーク機器を設置し、インターネット網を介してスマートデバイスと仮想的な暗号化トンネル（VPNトンネル）でつなげてデータ通信をするのが鉄則です（図の④）。企業の機密データや個人情報を守るためです。

まとめ

● スマートデバイスは、「スマートフォン」と「タブレット端末」の総称です。

● スマートフォンとタブレット端末の大きな違いは次のものです。

　・スマートフォンは通話機能を搭載している

　・タブレット端末は通話機能を搭載していない

● スマートデバイスは、次のような流れでデータ通信を行います。

　・無線LAN環境がない場合は、携帯電話網を経由してインターネットへアクセスする

　・無線LAN環境がある場合は、LANを通じて直接インターネットへアクセスする

索引

● 数字

10ギガビットイーサネット	23, 35, 37
10進数	42
19インチラック	30, 213
2.4GHz帯のチャネル	287
2進数	43
5GHz帯のチャネル	287

● A

AES	295
Android	308
ANY接続拒否機能	293
AppleTalk	168
ASIC	102
ATMインタフェース	69
Auto MDI/MDI-X機能	36

● B

BGP4	149
BPDU	133
BRIインタフェース	69
BSS	294

● C

CA（Certificate Authority）	296
CATV	75
Cisco IOS	91
CSMA/CA	283
CSMA/CD	95

● D

DCE	70
DMZ	194
DoS攻撃	190
DSU	71

● E

ESS	294
Ethernetインタフェース	70

● F

Facebook	216

● G

G.711	252, 262
G.722	252
G.729a	252, 262

● H

H.323	258
H.323端末	259
HTTP	216

● I

IANA	53
IBSS	276
IDS	215
IEEE	35, 278
IEEE802.11a	278, 279
IEEE802.11ac	278, 280

IEEE802.11b.....................................278, 279	MACアドレスフィルタリング 291
IEEE802.11g.....................................278, 279	MAN 8
IEEE802.11i 295	MCU 259
IEEE802.11n.....................................278, 280	Megaco/H.248 259
IEEE802.1D 133	MG（メディアゲートウェイ）...................260
IEEE802.1Q 118	MGC（メディアゲートウェイコントローラ）
IEEE802.1X 295	260
IETF 42	MGCP 259
iOS 308	MUX 165
IP-PBX 238	

N

NAT/NAPT機能................................171, 173
NIC（Network Interface Card）....................34

O

IPv6...57	ONU 71
IPv6アドレス 58	OSI 27
〜の省略記法...59	OSI基本参照モデル 27, 28
IP-VPN網 79, 81	OSPF 149, 154

P

IPX/SPX 168	PCの仮想化 302
IPアドレス 42, 145	PDU 31
〜のクラス 44	pingコマンド...49
IP電話 226	PPP...174
IP電話機 233, 238	PPPoE 173
IPネットワーク網 232, 234, 235, 246	PRIインタフェース.....................................69

Q

QoSポリシー 228

R

LAN...7, 33	RADIUS 296
LANカード 34	RFC 42
	RFC1918 53

IPマスカレード 173	
ISDN 168	
ISL 117	
ISMバンド..279	
ISO 27	
ITU-T..258	

L

M

MACアドレス 35, 107
MACアドレステーブル......................99, 104

313

RIP 149, 151	VoIPシグナリングプロトコル 255
RJ-45モジュラージャック 34	VPN 303
RTCP 252	VPN機能 171, 172
RTP..251	VPN装置 80
	VRRP 178

● S

SG（シグナリングゲートウェイ）............260	
SIP 257	
SIPサーバ 257	
SIPフォン 257	
SIPユーザーエージェント 257	
Skype 218	
SPAMメール...190	
SS7..260	
SSID 282, 292	
SSIDステルス（隠ぺい）機能 293	

● W

W52 ....279, 287
W53 ....279, 287
W56 ....279, 287
WAN 7, 62
〜の構成要素...................................66
WAN中継網.....................................67, 76
WANネットワーク 163
WANルータ 67
Webアプリケーション 216
WEP 291
Wi-Fi 280
Wi-Fi Alliance 280
WPA 294
WPA2 295

● T

TA 71	
TCP/IP 168	
TCP/IPモデル 200	
TDM 165	
TKIP 294	
Twitter...216, 218	

● あ

アクセス回線 67, 75
アクセス制御 197
アクセスルータ 67, 164
（小規模拠点ネットワーク向け）..........168
アコースティックエコー 265
足回り...75
アソシエーション 282
圧縮...244
宛先ネットワークアドレス......................146
アドホックモード 276
アドレス変換 54, 198
アナログ電話機.................................232, 236

● U

UTM 216
UTPケーブル 34, 72

● V

VLAN 114, 303
VLAN越え通信 118, 122, 123
VoIP 226
VoIPゲートウェイ 232, 236, 245, 263
VoIPサーバ....................232, 235, 249

アプリケーション 3
アプリケーション機能 28
アプリケーションサーバ 257
アプリケーション層 28
アンチウイルスソフト 201
イーサネット 33, 35
インスタントメッセージ 258
インターネットVPN 80, 81, 173
インターネットサービスプロバイダー......85
インターネット層 200
インターネット網..............................84, 227
インタフェース..................................34, 146
イントラネット...8
インフラストラクチャモード 275
ウイルス対策ソフト 201
ウェルノウンポート 200
エカハウ・サイトサーベイ...................277
エコー...265
エコーキャンセラー 266
エッジルータ 163
エンタープライズ向けネットワーク 5
音声サーバ 232
音声品質 261
音声符号化／復号...................................252
音声モジュール..238
音声用VLAN 241, 242
音声レベルの調整 266

● か

カードリーダ 212
回線終端装置 67, 70
外部ネットワーク 194
カスタマーエッジルータ 164
仮想化...300
家庭用スイッチ..109

家庭用ネットワーク 3
カバーエリア 285
カバレッジエリア 285
カバレッジホール 285
ギガビットイーサネット 23, 35, 37
企業向けネットワーク 3
企業用ネットワーク 5
共通線信号 260
クラスA...45
クラスB...45
クラスC 45
クラスD 46
クラスE...46
グローバルアドレス 53
クロスケーブル..36
ゲートウェイ 259
ゲートキーパ 259
ケーブルテレビ..75
コアルータ 163
広域イーサネット網 82
コーデック 252, 262
呼のセッション...256
コリジョン 97
コリジョンドメイン 97, 101
コンピュータウイルス 191, 201, 205

● さ

サーバ...41, 235
サーバファーム..166
サービスエリア..284
サービスプロバイダー向けネットワーク
 ....5, 162
最適なルート 155
サブネット 50
サブネットマスク......................................50

315

識別	220
次世代ファイアウォール	219
ジッタ	250, 263
ジッタバッファ	263
時分割多重化装置	165
指紋認証	213
社内イントラネット	8, 228
小規模拠点ネットワーク	12, 13, 166
冗長構成	64
情報コンセント	110
情報データの暗号化	210
情報の盗聴	189, 205
情報の持ち出し	205
侵入検知システム	215
侵入防止システム	215
信頼できないネットワーク	195
信頼ネットワーク	195, 199
スイッチ	34, 94, 101
～本体の冗長化	130
スタッキング	304
スタック接続	136
スタティックVLAN	115
スタティックルーティング方式	148
ストレートケーブル	36
スパニングツリープロトコル	133, 135
スマートデバイス	306
スマートフォン	306
制御	220
責任分解点	70
セキュリティアプライアンス	202
セキュリティカード	211
セグメント	31
セッション維持機能	128
セッション層	28
絶対優先制御	247

専用線	75, 84
ソフトフォン	232, 243

● た

帯域制御	247
大規模拠点ネットワーク	11, 19, 166
ダイナミックVLAN	115
ダイナミックルーティング方式	149
ダイヤルアップルータ	168
タグ	117
宅内装置	67
タブレット端末	307
端末	235, 245
遅延	262
チャネル	286
～設計	286, 288
中規模拠点ネットワーク	12, 17, 166
通信機能	28
通信キャリア事業者向けネットワーク	5
ディスタンスベクターアルゴリズム	150
データセンター	20
データベースサーバ	199
データ用VLAN	241, 242
データリンク層	28, 95, 103
デフォルトゲートウェイ	157
デフォルトルート	157
電気信号	72
電気通信事業者	63
天井裏配線	39
電波干渉	277, 288
統合脅威管理	216
トラブルシューティング	29
トランクリンク	117, 241, 242
トランスポート層	28

● な

内部ネットワーク 194
なりすまし 189, 205
認証サーバ 207, 208
ネットワーク
　〜機器の仮想化 303
　〜経路の仮想化 302
　〜の冗長化 130
　〜の全体構成 11
ネットワークアドレス 46
ネットワークアドレス部 43
ネットワークアプライアンス 196
ネットワークインタフェースカード 34
ネットワークセキュリティ 184
ネットワーク層 28, 145

● は

ハードフォン 233, 238
ハイブリッドエコー 265
パケット 31
パケットフィルタリング 175, 197
パケットロス 246, 264
パケット化 244
ハブ 94
ハンドオーバー境界 286
ピアツーピアモード 276
ビーコン 282
光回線 75
光信号 72
光ファイバケーブル 37, 72
光分電盤 181
標的型攻撃 220
ファイアウォール 195
ファストイーサネット 35
フィルタリング機能 98

負荷分散機能 127
負荷分散装置 126
不感地帯 285
不正侵入 188, 206
物理セキュリティ 210
物理層 28
踏み台 188
プライベートアドレス 53, 54
フラッパーゲート 211
フリーアクセスフロア 38
ブリッジ 98
フレーム 31
フレーム化 244
フレームリレー網 83
プレゼンス 258
プレゼンテーション層 28
ブロードキャスト 47
ブロードキャストアドレス 47, 106
ブロードキャストドメイン 106, 114
ブロードキャストフレーム 106, 114
ブロードバンドルータ 67
ブログ 216
プロトコル 26
分類 220
ヘルスチェック機能 127
ポートVLAN 115
ポート番号 200
ホストアドレス部 43
ホップ数 151

● ま

マシンルーム 40, 210, 213
マルチキャスト 46
マルチプロトコルルータ 168
無線LAN 270

無線LAN

  ～の基本構成 271

  ～の実効速度 284

  ～のセキュリティ 290

  ～のチャネル 286

無線LANアクセスポイント 272

無線LANクライアント 272

無線LANコントローラ 273

無線LANスイッチ 273

モデム 71

● や

ユーザー認証 207

床下配線 38

揺らぎ 250, 263

揺らぎ吸収バッファ 263

● ら

リピータハブ 95, 101

リンクアグリゲーション 136, 303

リンク情報データベース 155

リンクステートアルゴリズム 154

ルータ 140

  ～の冗長化 176

ルータ越え 36

ルーティング 145

ルーティングテーブル 145

ルーティングプロトコル 149, 150

ループバックアドレス 48

レイヤ 28

レイヤ2スイッチ 104

レイヤ3スイッチ 123, 142, 166, 170

レイヤ4-7スイッチ 126, 129

ローカル認証 209

ロードバランサ 126

ログ収集 198

● わ

ワイファイ 280

ワイヤプロテクタ 39

■ 著者紹介

三上 信男 (Nobuo Mikami)

NECネッツエスアイ株式会社
シスコ技術者認定資格 CCIE #10893

1994年から海外12カ国で大手民間企業向けネットワーク設計、構築経験を経て、2003年に人材育成部門に配属。講師をする傍ら、ラボ環境、eラーニングシステムの企画・開発・運営を担当。2011年より現場復帰。

著書

SBクリエイティブ刊

『現場で使えるCiscoルータ管理者リファレンス130の技』(2005年10月)
『現場で使えるCatalystスイッチ管理者リファレンス130の技』(2006年8月)
『Cisco Catalystスイッチコマンドリファレンス』(2007年6月)
『ネットワーク超入門講座』(2008年4月)
『ネットワーク超入門講座 保守運用管理編』(2008年10月)
『現場で使えるCiscoISRルータ管理者リファレンス150の技』(2009年3月)
『ネットワーク超入門講座 第2版』(2010年3月)
『ネットワーク超入門講座 セキュリティ編』(2010年9月)
『ネットワーク超入門講座 第3版』(2013年8月)

技術評論社刊

『まるごとわかるルーティング入門』(2009年8月)/電子書籍版(2012年6月)
『まるごとわかるネットワーク入門』(2010年4月)/電子書籍版(2012年7月)

連載

IT雑誌『N+I NETWORK Guide』(ソフトバンククリエイティブ、2005年9月)
Web記事「Think IT」(インプレスビジネスメディア、2010年2月)

保有資格

シスコ技術者認定資格 CCIE Routing and Switching
シスコ技術者認定資格 CCDP
シスコ技術者認定資格 CCNP
シスコ技術者認定資格 CCDA
シスコ技術者認定資格 CCNA
IP電話普及推進センター「VoIP認定技術者資格」VoIPアドバイザー
IP電話普及推進センター「VoIP認定技術者資格」VoIPデザイナー
ITIL Foundation (Foundation Certificate in IT Service Management)
PMP (Project Management Professional)
国家資格 工事担任者デジタル1種
他多数

■ 本書のサポートページ

http://isbn.sbcr.jp/94474/

本書をお読みいただいたご感想を上記URLからお寄せください。
本書に関するサポート情報やお問い合わせ受付フォームも掲載しておりますので、あわせ
てご利用ください。

ネットワーク超入門講座 第4版

2008年 4月 1日　初版発行
2018年 3月 9日　第4版第1刷発行
2018年 7月 9日　第4版第2刷発行

著　者……………………………三上 信男
発行者……………………………小川 淳
発行所……………………………SBクリエイティブ株式会社
　　　　　　　　　　　　　　　〒106-0032　東京都港区六本木2-4-5
　　　　　　　　　　　　　　　http://www.sbcr.jp/

印　刷……………………………株式会社シナノ
組　版……………………………クニメディア株式会社
カバーデザイン…………………渡辺 縁
本文デザイン……………………株式会社トップスタジオ（轟木 亜紀子）
企画・編集………………………友保 健太

落丁本、乱丁本は小社営業部（03-5549-1201）にてお取り替えいたします。
定価はカバーに記載されております。

Printed in Japan　ISBN978-4-7973-9447-4